机械工人职业技能培训教材

初级电焊工技术

机械工业职业技能鉴定指导中心　编

机械工业出版社

本书根据《中华人民共和国职业技能鉴定规范（考核大纲）电焊工》中初级工的要求介绍了焊接电弧的基本知识，焊接材料、焊接接头及焊缝符号的基本知识，焊接材料的选用、使用和保管常识，常用弧焊电源的基本原理及特点；着重介绍了焊条电弧焊、埋弧焊、手工钨极氩弧焊和 CO_2 气体保护焊的设备组成、焊接工艺和操作技术；简单介绍了碳弧气刨的原理及操作，电弧焊缺陷的有关知识，常用设备及工、夹具的使用知识，相关工种的一般知识和安全生产常识。

　　本书是初级电焊工的职业技能培训教材，也可供职高、技校、职业中专焊接专业的师生参考。

图书在版编目（CIP）数据

初级电焊工技术/机械工业职业技能鉴定指导中心编.
—北京：机械工业出版社，1999.3（2025.1 重印）
机械工人职业技能培训教材
ISBN 978 - 7 - 111 - 06980 - 5

Ⅰ.初…　Ⅱ.机…　Ⅲ.电焊 - 技术培训 - 教材
Ⅳ. TG443

中国版本图书馆 CIP 数据核字（1999）第 03699 号

机械工业出版社（北京市百万庄大街22号　邮政编码100037）
责任编辑：俞逢英　何月秋　版式设计：霍永明　责任校对：肖新民
封面设计：姚　毅　责任印制：张　博
北京建宏印刷有限公司印刷
2025 年 1 月第 1 版第 34 次印刷
140mm×203mm ·7.375 印张·191 千字
标准书号：ISBN 978 - 7 - 111 - 06980 - 5
定价：35.00 元

电话服务　　　　　　　　网络服务
客服电话：010 - 88361066　机　工　官　网：www.cmpbook.com
　　　　　010 - 88379833　机　工　官　博：weibo.com/cmp1952
　　　　　010 - 68326294　金　书　网：www.golden - book.com
封底无防伪标均为盗版　　机工教育服务网：www.cmpedu.com

机械工人职业技能培训教材与试题库
编审委员会名单

前　言

机械工人技能职业职技术工种培训鉴定

　　这套教材及试题库是为了与原劳动部、机械工业部联合颁发的机械工业《职业技能鉴定规范》配套，为了提高广大机械工人的职业技能水平而编写的。

　　三百六十行，各行各业对从业人员都有自己特有的职业技能要求。从业人员必须熟练地掌握本行业、本岗位的职业技能，具备一定的包括职业技能在内的职业素质，才能胜任工作，把工作做好，为社会做出应有的贡献，实现自己的人生价值。

　　机械制造业是技术密集型的行业。这个行业对其职工职业素质的要求比较高。在科学技术迅速发展的今天，更是这样。机械行业职工队伍的一半以上是技术工人。他们是企业的主体，是振兴和发展我国机械工业极其重要的技术力量。技术工人队伍的素质如何，直接关系着行业、企业的生存和发展。在市场经济条件下，企业之间的竞争，归根结底是人才的竞争。优秀的技术工人是企业各类人才中重要的组成部分。企业必须有一支高素质的技术工人队伍，有一批技术过硬、技艺精湛的能工巧匠，才能保证产品质量，提高生产效率，降低物质消耗，使企业获得经济效益；才能支持企业不断推出新产品去占领市场，在激烈的市场竞争中立于不败之地。

　　机械行业历来高度重视技术工人的职业技能培训，重视工人培训教材等基础建设工作，并在几十年的实践中积累了丰富的经验。尤其是在"七五"和"八五"期间，先后组织编写出版了《机械工人技术理论培训教材》149种，《机械工人操作技能培训教材》85种，以及配套的习题集、试题库和各种辅助性教材共约700种，基本满足了机械行业工人职业培训的需要。上述各类教材以其行业针对性、实用性强，职业工种覆盖面广，层次齐备和成龙配套等特点，受到全国机械行业工人培训、考核部门和广大机械工人的欢迎。

1994 年以来，我国相继颁布了《劳动法》、《职业教育法》，逐步推行了职业技能鉴定和职业资格证书制度。我国的职业技能培训开始走上了法制化轨道。为适应新形势的要求，进一步提高机械行业技术工人队伍的素质，实现机械、汽车工业跨世纪的战略目标，我们在组织修改、修订《机械工人技术理论培训教材》，使其以新的面貌继续发挥在行业工人职业培训工作中的作用的同时，又组织编写了这套《机械工人职业技能培训教材》和《技能鉴定考核试题库》，共 87 种，以更好地满足行业和社会的需要。

《机械工人职业技能培训教材》是依据原机械工业部、劳动部联合颁发的机械工业《工人技术等级标准》和《职业技能鉴定规范》编写的，包括 18 个机械工业通用工种。各工种均按《职业技能鉴定规范》中初、中、高三级"知识要求"（主要是"专业知识"部分）和"技能要求"分三册编写，适合于不同等级工人职业培训、自学和参加鉴定考核使用；对多个工种有共同要求的"基本知识"，如识图、制图知识等，另编写了公共教材，以利于单科培训和工人自学提高。试题库分别按工种和学科编写。

本套教材继续保持了行业针对性强和注重实用性的特点，采用了国家最新标准、法定计量单位和最新名词、术语；各工种教材则更加突出了理论和实践的结合，将"专业知识"和"操作技能"有机地融于一体，形成了本套教材的一个新的特色。

本套教材是由机械工业相对集中和发达的上海、天津、江苏、山东、四川、安徽、沈阳等地区机械行业管理部门和中国第一汽车集团公司等企业组织有关专家、工程技术人员、教师、技师和高级技师编写的。在此，谨向为编写本套教材付出艰辛劳动的全体人员表示衷心的感谢！教材中难免存在不足和错误，诚恳希望专家和广大读者批评指正。

机械工业职业技能鉴定指导中心

目 录

第一章　焊接电弧及弧焊电源

培训要求　了解焊接电弧的产生过程及电弧的特性，熟悉不同弧焊电源的应用及发展，掌握弧焊电源的选用及使用。

第一节　焊　接　电　弧

焊接电弧是由焊接电源供给的，具有一定电压的两电极间或电极与焊件间，在气体介质中产生的强烈而持久的放电现象。电弧是所有电弧焊焊接方法的能源。到目前为止，电弧焊在焊接领域中占据着主要地位。

一、焊接电弧的引燃方法

不同的焊接方法有着不同的引燃电弧法。但总的来说有接触短路引弧法和高频高压引弧法两种。

1. 接触短路引弧法　这种引弧方法常用在焊条电弧焊和埋弧焊中。在一般情况下，空气是不导电的，因此在空气中产生电弧要有两个必要条件，即气体电离及电子发射。接触短路引弧时，首先将焊条或焊丝与焊件接触短路，这时接触点由于通过很大的电流而产生高温，使接触部分的金属温度剧烈地升高而熔化，然后迅速地将焊条或焊丝拉开（这个过程在埋弧焊时可由控制系统自动完成），拉开的瞬间，由于焊条或焊丝间存在的高温与强电场的作用，使焊件和焊条间的气体发生电离，同时电极电子发射作用立即产生，电弧就引燃了。其引燃过程见图 1-1。

2. 高频高压引弧法　钨极氩弧焊时，一般不采取接触短路引弧法，因为短路引弧一方面由于较大的短路电流使钨极烧损严重；另一方面在焊缝中经常会引起夹钨的缺陷。因此钨极氩弧焊时经常采用电极不与焊件接触的引弧方法。这种方法是在钨极和焊件之间留有 2～5mm 的空隙，然后加上很高的电压（2000～3000V），利用高电压直接将空气击穿，引燃电弧。在正常情况下，输出的电压虽然很高，但由于是高频，有强烈的集肤效应，所以对人体是安全的。另外，有的焊机也采用脉冲引弧法。

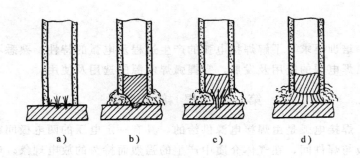

图 1-1　接触短路引弧法

a) 短路　b) 金属熔化　c) 拉起电极，产生电弧　d) 电弧稳定燃烧

二、直流电弧的结构和温度

当两电极间产生电弧放电时，在电弧长度方向的电压（电场强度）分布和温度分布是不均匀的。实际测量得到沿弧长方向的电压分布如图 1-2 所示。由图中可以看出，在电弧轴线上形成了三个不同性质的区域，即阴极区、阳极区和弧柱区。

1. 阴极区　阴极区是从阴极表面起靠近阴极的地方。阴极区很窄，约为 10^{-8} m，由于阴极表面堆积有一批正离子，所以形成一个电压降，称为阴极电压降。在阴极表面发射电子最集中的地

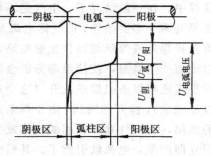

图 1-2　电压沿弧长的分布

方，往往形成一个或几个很亮的斑点，称为阴极斑点。阴极斑点是阴极区温度最高的部分，阴极斑点具有主动寻找氧化膜、破碎氧化膜的特点。在焊接铝合金等易氧化金属时，把焊件接直流电

源的负极就充分利用了阴极斑点的这一特性。

2. 阳极区　阳极区是从阳极表面起靠近阳极的地方，较阴极区宽，约为 10^{-6}m，由于阴极表面堆积有一批电子，所以在阳极区形成一个电压降，称为阳极电压降。从弧柱飞来的电子进入阳极表面的区域，称为阳极斑点，也呈灼亮状。阳极产生的热量是可利用的主要能量。

3. 弧柱区　弧柱区是在阴极区和阳极区中间的区域，由于阴极区和阳极区的长度都极短，所以弧柱区的长度占了电弧长度的极大部分，可以近似代表整个弧长。在弧柱的长度方向上带电质点的分布是均匀的，所以弧柱电压降的分布也是均匀的。弧

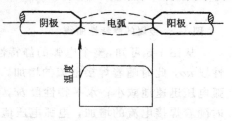

图 1-3　电弧温度在电弧上的分布

柱的温度受气体介质、电流大小、弧柱压缩程度等因素的影响，通常电流由 1～1000A 变化时，弧柱温度可在 5000～30000K 之间变化。弧柱的温度最高，而两个电极的温度较低，如图 1-3 所示。

三、电弧静特性

1. 焊接电弧的静特性曲线　在电极材料、气体介质和弧长一定的情况下，电弧稳定燃烧时，焊接电流与电弧电压变化的关系称为焊接电弧的静特性曲线。通常把金属的电阻看成是一个常数，其电压和电流的关系满足欧姆定律，所以其静特性曲线是一条直线，见图 1-4。电弧是空气导电，和金属导电完全不一样。它的主要特点是没有一个大小固定的电阻值，即电阻不是一个常数，也不服从欧姆定律。电弧电阻的大小与电弧的温度有关，焊接电流小的时候，电弧的温度较低，空气电离的程度低，电阻值较大；焊接电流增大时，电弧温度增高，结果空气的电离程度增高，则电阻值就下降，故得到了图 1-5 所示的焊接电弧的静特性曲线，通常称为 U 形曲线。

4

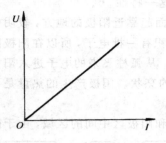

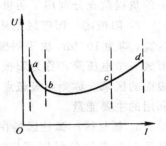

图 1-4 金属的静特性曲线　　　图 1-5 电弧的静特性曲线

从图 1-5 可知,整个电弧的静特性曲线可分为三部分:下降特
性段 ab,此时随着焊接电流的增加,电
弧电压迅速地减小;水平特性段 bc,此
时随着焊接电流的增加,电弧电压值基
本保持不变;上升特性段 cd,此时随着
焊接电流的增加,电弧电压值也随之增
加。

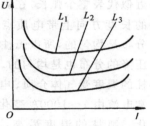

图 1-6 电弧长度对电弧静
特性曲线的影响

L_1、L_2、L_3 为电弧长度

$L_1 > L_2 > L_3$

不同的焊接方法,在一定条件下,
其静特性只是曲线的某一部分。如焊条
电弧焊,由于使用的焊接电流受到限
制,故其静特性曲线没有上升段。

2. 电弧长度对电弧静特性的影响

电弧长度改变时,主要是弧柱长度发生变化。整个弧柱的压降
增加时,电弧电压增加,电弧静特性曲线将提高。反之,弧长缩
短时,电弧静特性曲线将下降,见图 1-6。因此,一个弧长对应一
条电弧静特性曲线,但其基本形状不变,只是曲线上下移动。

四、焊接电弧的稳定性

焊接电弧的稳定性,是指电弧保持稳定燃烧(不产生断弧、飘
移和磁偏吹等)的程度。电弧燃烧是否稳定,直接影响到焊接质
量的好坏和焊接过程的正常进行。电弧燃烧的稳定大致与以下几
个方面有关:

1. **电源及电源极性接法** 采用直流电源比交流电源的稳弧性好。因为采用交流电源焊接时，电弧的极性是周期地改变的。工频交流电源，每秒钟电弧的燃烧和熄灭要重复100次，因此电弧不如直流电源稳定。所以对于稳弧性较差的碱性焊条，必须采用直流电源焊接。一般弧焊交流电源过零点时比较缓慢，如图1-7a所示，因此再引弧比较困难。但是，交流电源基本没有磁偏吹的影响，因此在焊接过程中电弧挺度好。近几年来研究的方波交流电源，综合了交直流两者的优点。由于方波交流在过零点时电流变化很陡，如图1-7b所示，因此正常电压就足以使电弧引燃，而且稳定性好。另一种方式是提高交流频率，在这一方面，逆变式电源有突出的优点。

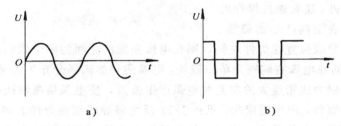

a)   b)

图 1-7　电源波形

a）普通弧焊电源波形　b）方波电源波形

2. **焊条药皮** 当焊条药皮中含有较多易电离元素（K、Na、Ca等）或它们的化合物时，电弧燃烧较稳定。当药皮中含有较多氟化物时，会降低电弧燃烧的稳定性。碱性焊条药皮中就有一定量的 CaF，因此电弧稳定性较差。

3. **气流** 气流对电弧稳定性的影响也很大。在露天大风中操作或在气流速度大的管道中焊接时，电弧偏吹很严重，甚至使焊接过程发生困难。因此在风较大时，一般都要求采取必要的措施加以遮挡或停止焊接。

4. **磁偏吹** 在正常情况下，电弧的轴线总是沿着焊条中心线的方向（图1-8a），即使在焊条倾斜于焊件时（图1-8b），仍有保

6

持轴线方向的倾向。在热收缩和磁收缩等效应的作用下，电弧沿
电极轴向挺直的程度称为电弧挺度。电弧挺度对焊接操作十分有
利，可以利用它来控制焊
缝的成形和位置。

　　直流电弧焊时，电弧
因受到焊接回路所产生
的电磁力作用而产生的
电弧偏移的现象称为电
弧偏吹，又叫磁偏吹。因
为在用直流电焊接时，除
了在电弧周围产生自身
磁场外，还有通过焊件的
电流在空间产生的磁场。

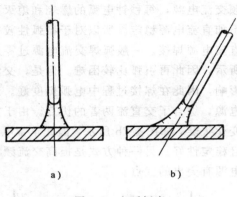

图 1-8　电弧挺度

如果导线位置在焊件左侧，则在电弧左侧的空间为两个磁场相叠
加，而在电弧右侧则为单一磁场，电弧两侧的磁场分布失去平衡，
因此磁力线密度大的左侧对电弧产生推力，使电弧偏离轴线，向
右方倾斜，产生磁偏吹，见图 1-9；反之将导线接在焊件右侧，则
电弧将向左侧偏吹；同理，如果导线在电弧中心线下面将不会产
生磁偏吹。

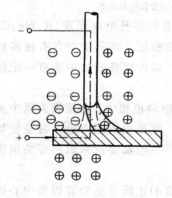

图 1-9　接线位置产生的磁偏吹

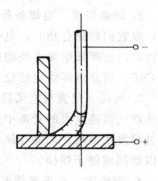

图 1-10　铁磁物质引起的磁偏吹

　　如果在电弧附近有铁磁物质存在，如焊接 T 形接头的角焊缝，则电弧也将偏向铁磁物质引起偏吹，见图 1-10。

　　因为磁偏吹的力量与焊接电路内的电流平方值几乎成正比，所以，磁偏吹的强烈程度随着焊接电流的增加而激烈增加。因此为了减少磁偏吹，可以适当降低焊接电流值。此外，在操作时可以将焊条朝偏吹的方向倾斜一个角度，调整电弧左右两侧空间的大小，使磁力线密度趋向于均匀，这是生产中减少磁偏吹的常用方法，见图 1-11。

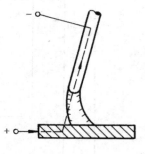

图 1-11　减少磁偏
吹的方法

　　使用交流电焊接时，磁偏吹的情况和使用直流电焊接时有很大不同，因为此时焊件中由于交变磁通的通过会引起涡流，而涡流的本身又产生新的磁通。涡流在时间上和焊接电流相距近 180°，因此，涡流所产生的磁通和焊接电流所产生的磁通相距亦近于 180°，这样，合成磁通要比原来的磁通小，所以，在焊接电弧中磁偏吹现象要比直流电弧小得多。

第二节　弧焊电源的种类

一、弧焊电源的种类

　　焊接电流有直流、交流和脉冲三种基本类型。相应的弧焊电源为直流弧焊电源、交流弧焊电源和脉冲弧焊电源等。

　　弧焊电源的发展十分迅速，特别是近十几年来电子工业的飞速发展，为弧焊电源大量采用新技术创造了条件，如逆变式弧焊整流器、矩形波交流弧焊电源等，它们以各自突出的优点在生产中应用得越来越广泛。

二、焊机型号的编制

　　我国焊机型号按 GB10249—88 标准规定编制。焊机型号采用汉语拼音字母及阿拉伯数字组成，其编排次序及各部分含义如下：

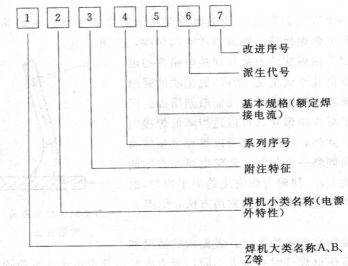

型号中1、2、3、6各项用汉语拼音字母表示，4、5、7各项用阿拉伯数字表示，型号中3、4、6、7项若不用时，其它各项排紧，焊机电源型号代表字母见表1-1。

表1-1　焊机电源型号代表字母

大类名称	代表含义	小类名称	代表含义	系列序号	代表含义
A	弧焊发电机	X	下降特性	1	动铁心式
				2	串联电抗器式
B	弧焊变压器	P	平特性	3	动圈式
				4	晶体管式
Z	弧焊整流器	D	多特性	5	晶闸管式
				6	变换抽头式
				7	变频式

第三节　弧焊电源知识

一、对弧焊电源的基本要求

1. 弧焊电源的空载电压　当焊机接通电网而输出端没有负载时，焊接电流为零，此时输出端的电压称为空载电压。弧焊电源空载电压太高则容易引弧,对于交流弧焊电源则电弧燃烧稳定。空载电压太低,引弧将发生困难,电弧燃烧也不稳定。但空载电压高,则设备体积大,质量大,耗费的材料也多,而且功率因数低,对使用和制造都不经济。空载电压高也不利于焊工人身安全。综合考虑以上因素,在确保引弧容易、电弧稳定的条件下空载电压应尽可能低些。GB/T8118—1995 规定的空载电压限值见表 1-2。

表 1-2   弧焊电源的空载电压规定值

电源类型	弧焊变压器	弧焊整流器	弧焊发电机
最大空载电压/V	80	90	100

2. 弧焊电源短路电流   当电极和焊件短路时,焊机的输出电流称为短路电流 I_s。在引弧和熔滴过渡时,经常发生短路,短路电流 I_s 一般应稍大于焊接电流,这将有利于引弧。但 I_s 过大,会引起焊接飞溅,电源易过载。一般情况下,短路电流满足以下要求较为合适。

$$1.25 < \frac{I_s}{I} < 2$$

式中 I 为焊接电流。

3. 弧焊电源外特性   在稳定状态下,弧焊电源的输出电压与输出电流的关系称为弧焊电源的外特性。根据使用焊接方法的不同,对弧焊电源外特性的要求也不同。弧焊电源外特性分为平特性和下降特性两大类。平特性称为恒压特性。下降特性又分为缓降特性、陡降特性以及垂直下降特性(恒流特性)三种,如图 1-12 所示。

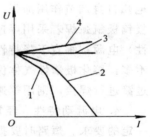

图 1-12   弧焊电源的不同
外特性曲线
1—陡降特性   2—缓降特性
3—平特性   4—上升特性

弧焊时,电弧静特性曲线与电源外特性曲线的交点就是电弧燃烧的工作点。焊条电弧焊时的电弧静特性曲线一般工作在平特性段。由于焊条电弧焊时弧长不断变化，常配用陡降外特性曲线的电源，如图 1-13a 所示。当弧长变化相同量时，陡降特性电源的焊接电流变化不大，所以有利于焊接电流的稳定。而在一些机械化焊接中，采用电源特性较多。如埋弧焊

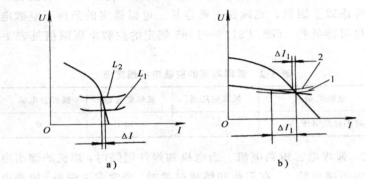

图 1-13　弧焊电源外特性的选择
a）焊条电弧焊　b）埋弧焊等速送丝

等速送丝常采用平特性或缓降特性电源，如图 1-13b 所示。设弧长增长，电弧静特性曲线由 1 变化到 2，缓降特性电源焊接电流稍有降低，平特性电源焊接电流值下降较大。这样焊接电流变化大，则电弧自身调节作用加强，这一点在埋弧焊中还要详细说明。熔化极钨极氩弧焊若采用等速送丝调节系统，则匹配平特性（恒压特性）电源；垂直下降特性（恒流特性）电源在普通电弧焊中用得不多，熔化极惰性气体保护焊焊接铝及其合金时，若采用亚射流过渡进行焊接，则用等速送丝焊机配合恒流特性电源工作。

4. 电源动特性　经常出现短路的熔焊方法，对电源动特性有一定的要求。短路时要提供合适的短路电流，电极抬起时，焊接电源要很快达到空载电压；如果焊接电源输出的电流和电压不能很快地适应弧焊过程中的这些变化，电弧就不能稳定地燃烧甚至熄灭。通常规定电压恢复时间不大于 0.05s。

5. 电源的调节特性　焊接时，根据母材的特性、厚度、几何形状的不同，要选用不同的焊接电流、电弧电压。因此要求弧焊

电源能在较大范围内均匀、灵活地选择合适的焊接电流值。

二、弧焊电源的主要参数

弧焊电源的主要参数有额定电压、电流、功率、相数、空载电压和工作电压、电流调节范围、负载持续率等。使用中应注意不能长时间高于电源额定值工作，以免过载使设备损坏。下面将就负载持续率加以说明。

负载持续率是指电焊机在断续工作方式及断续周期工作方式中，负载工作时间与整个周期之比值的百分率。用公式可表示为：

$$负载持续率 = \frac{焊机负载工作时间}{整个周期} \times 100\%$$

GB/T8118—1995 规定弧焊电源的工作周期为 5min、10min、20min 和连续。

负载持续率是设计焊机时用以表明某种服务类型的重要参数。按 GB8117—1995 规定为 35%、60%、100% 三种。额定焊接电流即是在额定负载持续率下允许使用的电流。

三、常用弧焊电源及其选用

常用交流焊机以弧焊变压器为主。现在有许多焊机能够提供交流和直流两种电流，使用很方便，如 WSE-160 交直流两用脉冲氩弧焊机。常用直流焊机以弧焊整流器为主。在直流电焊机的发展过程中，经历了从弧焊发电机（AX 系列）到弧焊整流器（ZX 系列）再到逆变式弧焊整流器共五代的发展。其中弧焊整流器包括 ZX1/ZX3 系列动铁心/动圈式硅整流器、ZXG 或 ZX 系列磁放大器式硅整流器、晶闸管式硅整流器三代发展。弧焊发电机（AX 系列）由于能耗高、噪声大、成本高，所以国家已明确宣布淘汰。

1. **弧焊变压器**　弧焊变压器是一种具有下降外特性的降压变压器，通常又称为交流弧焊机，其型号分类号为"B"，表示变压器式。正常的变压器具有平直的外特性，因此为了获得下降的外特性，就必须采取一定的方法。目前各种弧焊变压器都是通过增大主回路电感量来获得下降外特性，其原理见图 1-14。左侧是一普通降压变压器，回路中串有一可调电感器。弧焊变压器中可调电感器的作用，不仅可用来获得下降外特性，同时还可用来稳定焊接电弧和调节焊接电流。

按下降外特性获得方式的不同，弧焊变压器分为几个系列：

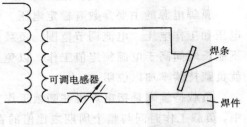

图 1-14 弧焊变压器工作原理

第一系列（BX1）为动铁心式。

第二系列（BX2）为同体式。

第三系列（BX3）为动圈式。

第四系列（BX6）为抽头式。

（1）动铁心式弧焊变压器 动铁心式弧焊变压器如图 1-15 所示。它的一、二次绕组固定在变压器的心柱上，中间放一个活动铁心作为一、二次绕组间的漏磁分路。活动铁心Ⅱ可以在垂直于纸面的方向移动，其移动示意图见图 1-16。

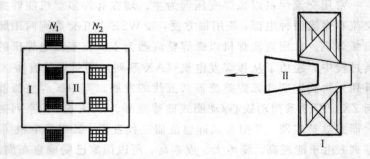

图 1-15 动铁心式弧焊变压器

图 1-16 动铁心移动示意图

该弧焊变压器的陡降外特性是靠动铁心的漏磁作用而获得的。调节焊接参数时只需移动动铁心的位置，改变漏磁磁通，即可调节焊接电流，其电流变化与动铁心移动距离呈线性关系，故电流调节均匀。动铁心式弧焊变压器结构简单，使用和维护方便，是目前用得较广泛的一种交流弧焊电源。其产品有 BX1-160、

BX1-400、BX1-630 等。

（2）同体式弧焊变压器　如图 1-17 所示，此电源由一台具有平特性的降压变压器和一电抗器组成。只不过电抗器和变压器共用一个磁轭，调节活动铁心的气隙 δ，便可调节焊接电流。这类弧焊变压器多用做大功率电源，如 BX2-1000 用于埋弧焊电源。此类产品没有列入国家发展产品范围。

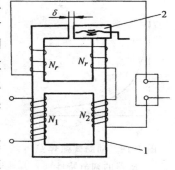

图 1-17　同体式弧焊变压器
1—定铁心　2—动铁心

（3）动圈式弧焊变压器　动圈式弧焊变压器是一种应用较广泛的交流弧焊电源。如图 1-18 所示，变压器的一次和二次线圈匝数相等，绕于一高而窄的口字形铁心上。一次线圈固定于铁心底部，二次线圈可用丝杠带动上下移动，在一次和二次绕组间形成漏磁磁路。一次绕组、二次绕组间距离 δ_{12} 增大，漏磁感抗增大，输出电流减小，反之则输出电流增大。其调节特性见图 1-19。从图中可以看到当 δ_{12} 增大到一定程度后，δ_{12} 再增加，电流变化就不太明显了。因此，这种弧焊变压器常有一大、小电流转换开关，如 BX3-400 型。BX3-120、BX3-300 主要用于焊条电弧焊；BX3-1-400、BX3-1-500 空载电压略高，用做钨极氩弧焊电源。

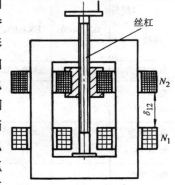

图 1-18　动圈式弧焊变压器

（4）抽头式弧焊变压器　抽头式弧焊变压器的结构如图 1-20 所示。其一次线圈分别绕在两个心柱上，而二次线圈仅绕在一个心柱上。一次线圈常做出较多的抽头，利用转换开关调节一次线圈在两心柱上的匝数比，以调节焊接电流。抽头式弧焊变压器结

14

构紧凑，无活动部分，故无振动。但其电流调节是有级调节，不能细调。

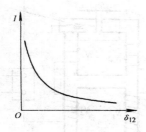

图 1-19 动圈式弧焊变
压器的调节特性

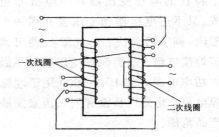

图 1-20 抽头式弧焊变压器

表 1-3 是部分交流弧焊电源的技术数据。

表 1-3 交流弧焊电源的技术数据

型号 参数	BX1-400	BX1-500	BX3-300	BX3-500	BX6-120
结构形式	动铁心式	动铁心式	动圈式	动圈式	抽头式
空载电压/V	77		75/60	70/60	50
电流调节范围/A	100～480	100～500	接Ⅰ40～150 接Ⅱ120～380	接Ⅰ60～200 接Ⅱ180～655	45～160
额定负载持续率/%	60	60	60	60	35
功率因数	0.55	0.65	0.53	0.52	0.75
效率/%	84.5	80	82.5	87	—
质量/kg	144	310	190	167	20
用途	焊条电弧焊电源	焊条电弧焊、切割电源	焊条电弧焊电源、切割电源	焊条电弧焊电源	手提式焊条电弧焊电源

14

2. 弧焊整流器　弧焊整流器是一种将工业交流电经变压器降压，并经整流元件转换成直流电的焊接电源。弧焊整流器型号以字母"Z"开头，后跟其它分类代号。弧焊整流器的外特性有下降特性（X）、平特性（P）和多特性（D）等，其附加特征有：一般电源（代号省略）、硅整流（G）、晶闸管整流（K）、脉冲电源（M）以及交直流电源（E）等。按国家标准分为多个系列，见表1-4。

表1-4　弧焊整流器分类

代号	1	3	4	5	6	7
代表类型	动铁心式	动线圈式	晶体管式	晶闸管式	变换抽头式	变频式

（1）硅整流弧焊整流器　硅弧焊整流器是弧焊整流器的基本形式之一。它是以硅元件作为整流元件，兼有弧焊发电机电弧稳定和弧焊变压器耗电少、噪声小、制造简单、维护方便的优点，又比电子控制型电源电子元件少，防潮、抗振、耐候力强，如ZXG-400型焊条电弧焊电源。这种电源一般由降压变压器、硅整流器、输出电抗器和外特性调节机构等部分组成，见图1-21。其中硅整流器多数用硅二极管来完成。

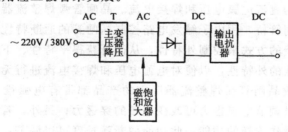

图1-21　硅整流弧焊电源基本原理图

硅整流弧焊电源通常通过增大降压变压器的漏磁（其方式和弧焊变压器类似）或通过磁饱和放大器来获得下降的外特性及调节空载电压和焊接电流。

输出电抗器是串联在直流回路中的一个带铁心并有气隙的电磁线圈，起改善动特性的作用。其缺点是由于不采用电子电路进行控制和调节，可调的焊接参数少，不够精确，并受网路电压波动的影响较大，因而只能用在一般质量产品的焊接中。

（2）晶闸管式弧焊整流器 用晶闸管代替二极管整流，可获得所需的可调外特性，电流、电压控制范围大。因为它完全用电子电路来实现控制功能，所以它是电子控制的弧焊电源的一种。典型的晶闸管弧焊整流器有 ZX5-250、ZX5-400 和 ZDK-500 等。它的基本原理如图 1-22 所示。

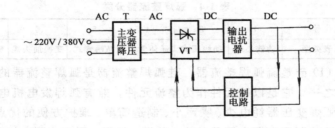

图 1-22 晶闸管弧焊整流器的基本原理框图

网路电压由降压变压器 T 降为几十伏的低电压，借助晶闸管桥 SCR 的整流和控制，经输出电抗器滤波和调节动特性，从而输出所需的直流电弧电压和焊接电流。晶闸管弧焊整流器的基本特征是晶闸管桥，用电子触发电路控制晶闸管的通断特性，并采用闭环反馈的方式来控制外特性，从而可获得平特性、下降特性等各种形状的外特性，以便对电弧电压和焊接电流进行无级调节。

多数晶闸管弧焊整流器厂家的产品都带有电弧推力调节装置，通过调节电弧推力可改变电弧的穿透力；另外，若具有连弧与断弧操作选择的功能，此功能使断弧长度可以调节，选择断弧操作时，当焊条与焊件短路，"防粘"功能可迅速将电流减小而使焊条完好无损地脱离焊件，从而迅速再引弧，这样可以大大地提高单面焊双面成形根部焊缝的质量。

由于大量采用集成电路，可将自动控制系统分离做成控制板。控制板可以做得很小，有的还用环氧树脂浸封，提高了系统的可靠性。一旦出现故障，只需更换控制板即可恢复使用。

（3）晶体管式弧焊整流器　晶体管式弧焊整流器可分为模拟式、开关式等弧焊电源。由于晶体管的控制十分灵活方便而准确，可做成恒流恒压源，故可以获得无波纹的直流输出和任意的波形输出。晶体管式弧焊整流器的动态反应速度快，所以其动特性好，借助电子电抗器和脉冲波形的控制，可实现少飞溅或无飞溅的焊接。

晶体管式弧焊整流器的效率相对比较低，开关式的效率一般为 60%～70%，模拟式的仅为 50%左右。这种电源质量较大，成本高，维修较难。

因其具有十分优良的焊接性能，可以适应于多种弧焊工艺方法的需要，但耗电大，所以只有在质量要求高的场合才比较适合采用。如脉冲式可用于高合金钢管道机械化焊接、微机控制的焊接及机器人弧焊等。

3. 逆变式弧焊整流器

逆变电源是一种新型电源，世界首台实用型逆变式弧焊电源由瑞典于 1977 年推出。到 80 年代中期，这种焊接电源的设计制造技术已趋成熟，并在全世界范围内获得迅速发展和普及。短短20 多年，逆变式弧焊整流器就经历了晶闸管（可控硅）→晶体管→场效应管（MOS-FET）→绝缘门极晶体管（IGBT）逆变四代发展。这种电源已应用于钨极氩弧焊、熔化极气体保护焊、焊条电弧焊以及等离子弧切割机等，特别在机械化、自动化焊机中占有很大的比重。

（1）逆变电源工作原理　逆变的含义是指从直流电变为交流电（特别是中频或高频交流电）的过程。逆变电源的基本原理框图如图 1-23 所示。

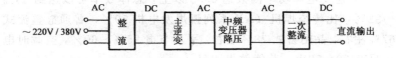

图 1-23　逆变电源的基本原理框图

　　交流 220V/380V 经整流装置整流成高电压直流电,经过由高频电子开关组成的逆变功放组件,变为几千赫兹至几十千赫兹的中、高频交流电,这时电压还很高,必须通过中频变压器降压,然后再整流成为直流低电压(几十伏)、大电流(几十安培到几百安培),供给焊接用。经过二次整流后的直流电,还可经第二次逆变,将直流电变为所需频率和波形的交流电,供给铝、镁及其合金的 TIG 焊和碱性焊条交流电弧焊。

　　(2)逆变式弧焊电源的特点

　　1)与普通弧焊整流器相比,采用逆变技术的焊机由于增加了一块整流和逆变这两次变流环节,必然引起整机复杂度及成本的增高,但其优越性所带来的收益远大于成本的付出。

　　2)由于提高了变压器的工作频率,使得主变压器的体积大大降低,只为同样额定电流的整流式焊机的 1/6~1/10,体积接近一只小手提箱,是整流焊机的 1/6 左右。因此逆变焊机不仅节约材料,而且轻便灵活,特别适合移动,适应性好。表 1-5 为弧焊整流器与逆变式弧焊整流器技术数据的对比。

表 1-5　弧焊整流器与逆变式弧焊整流器技术数据对比

产品名称	产品型号	一次电压/V	额定输入容量/kVA	工作电压/V	额定焊接电流/A	电流调节范围/A	质量/kg
弧焊整流器	ZXG-400	380	35	22~36	400	60~480	330
	ZX5-250	380	14.5	30	250	50~250	160
逆变弧焊整流器	ZX7-250	380	10	22~30	250	50~250	35
	ZX7-400	380	21	36	400	50~400	66
	ZX7-315	380	12.4	15~35	315	6~315	40

　　3)逆变电源功率因数达 0.95 以上,总体效率可以达到 85%~92%,比传统焊机(AX 系列弧焊发电机 50%,普通硅整流式 67% 左右,晶闸管式 78% 左右)平均节电 25%~60%,空载时电耗只有 30~50W,节能效果明显。

　　4)逆变电源为焊接工艺提供了最理想的电弧特性。由于全部采用电子控制，逆变电源能提供最好的电弧指向性、电弧稳定性和动、静特性。例如，由开始通电到设定电流值的时间约为 0.2ms；而三相晶闸管焊接电源则需 30ms。这意味着焊接电流的超速上升，实现名副其实的瞬间起弧。逆变弧焊整流器的输出特性曲线具有外拖的陡降恒流特性，如图 1-24 所示。

具有外拖特性的曲线，使焊工容易操作。这是因为焊接时，若因某种原因电弧突然缩短，电弧电压降低到某一值时，曲线外拖，输出电流增大，加速熔滴过渡，电弧仍能稳定燃烧，不会发生焊条与焊件粘着现象。

采用电子控制的另一个优点是容易实现遥控和计算机控制，尤其适合作为机械化焊接、自动化及弧焊机器人配套使用。

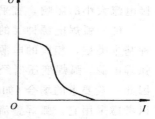

图 1-24　逆变弧焊整流器的外特性曲线

5）飞溅小，焊接过程稳定；其各种特性均能大范围无级自动或手动调节，焊接适应性好；可一机多用，完成多种焊接和切割过程。

6）逆变电源普遍采用模块化设计，方便维修。如 ZX7-315 电源内的元器件按其发挥的功能被设计成若干个独立的安装单元，每个单元均可方便地拆换下来单独进行检修，因此整机维护、修理方便。

4．弧焊电源的选用

（1）根据焊接方法选择　焊条电弧焊一般工作在静特性曲线的平缓段，为了当弧长变化引起电压变化时不显著影响焊接电流输出，应配用下降特性的弧焊电源。用酸性焊条焊接时，可选用弧焊变压器；用碱性焊条焊接重要构件时，可选用直流弧焊电源，如硅弧焊整流器、弧焊逆变器等。

埋弧焊一般工作在静特性曲线的平或上升段。单丝、小电流（300～500A）可用直流电源。如弧焊整流器；单丝、中大电流（600～1000A）可用交流或直流电源；大电流时（1200～2500A）

宜用交流，采用多台焊机并联。

熔化极气体保护焊选用电源时须考虑配合的送丝系统。这一点在后面谈到其焊接时要详细说明。当焊丝直径较细时（$\phi \leqslant$ 1.6mm），可用等速送丝系统配合平特性弧焊电源。当焊丝直径较粗时（$\phi > 1.6$mm），宜用变速送丝系统配合缓降特性弧焊电源，通常可采用弧焊整流器。而铝及其合金的焊接，则可用矩形波交流弧焊电源。

钨极氩弧焊和等离子弧焊，影响这两种方法电弧稳定燃烧的主要焊接参数是焊接电流，为了在焊接过程中减小弧长变化对焊接电流大小的影响，宜采用下降特性弧焊电源。

（2）弧焊电源种类的选择　焊接电流有直流、交流和脉冲三种基本类型，相应的电源为直流弧焊电源、交流弧焊电源和脉冲弧焊电源。弧焊变压器经济性好、可靠性高、维修容易、成本低，因此一般要求的场合（如酸性焊条电弧焊、交流钨极氩弧焊等）可以考虑采用它。弧焊整流器以及逆变式弧焊整流器均可替代弧焊发电机。晶体管式弧焊整流器适应于气体保护电弧焊及全位置焊接时选用。逆变电源性能优良，可用于多种焊接方法及焊接位置。

（3）弧焊电源功率的选择　选择弧焊电源的容量时，要根据使用电流及负载持续率合理地选用。电源的容量标在型号的最后面，直接以数字表示。如 ZXG-400，数字 400 表示额定焊接电流为 400A。

复 习 思 考 题

1. 空气导电和金属导电两者之间是什么关系？

2. 对弧焊电源有哪些基本要求？为什么？

3. 接触短路法引弧和非接触引弧法有什么区别？为什么在钨极氩弧焊时经常采用非接触引弧法？

4. 简要说明弧焊电源的发展历史及趋势。

5. 弧焊变压器的基本原理是什么？不同类型的弧焊变压器是如何实现电源的陡降外特性的？

6. 什么是弧焊电源的外特性曲线？是不是所有的焊接方法都采用下降

的外特性曲线？举例说明。

7. 对于一台 ZXG-400 型弧焊电源，使用时焊接电流不能超过 400A，否则就要损坏，对不对？

8. 分别说明下面弧焊电源型号的意义：

BX4-300　BX-500　ZXG-400

ZX7-160　ZX5-250　BX1-500

9. 焊条电弧焊采用什么特性的电源合适，为什么？

10. 逆变电源有什么突出的优点，简要叙述它的基本工作原理。

11. 弧焊电源在使用过程中应如何进行维护保养？

12. 在焊接铝合金等易氧化金属时，为什么采用直流反接（被焊工件接电源负极）？

13. 直流电弧按其性质分为几个区域？

14. 电弧长度对电弧静特性有什么影响？

15. 什么是焊机负载持续率？

16. 抽头式弧焊变压器如何调节焊接电流？其焊接电流能够连续调节吗？

17. 逆变电源经历了哪几代发展？

第二章 焊接材料

培训要求 了解常用焊接材料的分类及标准，熟悉和掌握常用焊接材料的特性以及选用、使用和保管方法。

自从焊接方法产生以来，要求用焊接方法连接的材料越来越多，随之应运而生的是多种多样的焊接材料，以适应基本材料和不同场合的需要。现在生产中经常使用的焊接材料有焊条、焊剂、焊丝、薄钢带、气体和电极。

第一节 焊 条

一、焊条的组成

焊条是涂有药皮的供焊条电弧焊用的熔化电极。焊条的基本组成如图 2-1 所示。压涂在焊芯表面上的涂料层即药皮；焊条中被药皮包覆的金属芯称为焊芯；焊条端部未涂药皮的焊芯部分，供焊钳夹持用，是焊条夹持端。焊条药皮与焊芯的重量比常称为药皮的重量系数，焊条电弧焊焊条的药皮质量系数一般为 25%～40%。

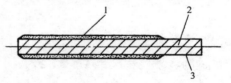

图 2-1 焊条的组成
1—药皮 2—焊芯 3—夹持端

按标准生产的焊条，其焊条夹持长度都有一定的要求。碳钢焊条（GB/T5117—1995）夹持端长度见表 2-1。

1. 焊芯

（1）牌号与规格 焊芯一般是一根具有一定长度及直径的金属丝。焊接时焊芯有两个作用：一是传导焊接电流，产生电弧，把电能转换为热能；二是焊芯本身熔化，作为填充金属与液体母材金属熔合形成焊缝，同时起调整焊缝中合金元素成分的作用。这

种金属丝在用于埋弧焊、气体保护焊、气焊等焊接方法中的填充
金属时常称为焊丝。按照国家标准，用来制造焊芯的钢丝分为碳
素结构钢、合金结构钢、不锈钢丝三类。在焊条生产中，根据被
焊材料，按照国家熔化焊用钢丝标准（GB/T 14957—94），可选择
相应牌号的钢丝作为焊芯。

表 2-1　焊条夹持端长度

焊条直径/mm	夹持端长度/mm
≤4.0	10～30
≥5.0	15～35

　　焊芯的牌号用字母 H 打头，后面的数字表示碳的质量分数，
其它合金元素含量的表示方法与钢号大致相同。质量不同的焊芯
在最后标以一定符号以示区别：A 表示高级优质钢，其 S、P 的质
量百分数不超过 0.03%；E 表示特级优质钢，其 S、P 的质量分数
不超过 0.02%。几种常用碳素结构钢焊芯的牌号有：H08A、
H08MnA、H15Mn；常用合金结构钢焊芯的牌号有：H10Mn2、
H08Mn2Si、H08Mn2SiA、H08CrMoVA、H13CrMoA；常用不锈
钢焊芯的牌号有：H1Cr19Ni9、H0Cr19Ni14Mo3（奥氏体型），
H0Cr14、H1Cr17（铁素体型），H1Cr13、H2Cr13（马氏体型）。

　　焊条的规格都以焊芯的直径来表示。焊芯直径越大，其基本
长度也相应长些。碳素钢焊条焊芯的尺寸见表 2-2。

表 2-2　碳素钢焊条焊芯的尺寸

焊芯直径（基本尺寸）/mm	1.6	2.0	2.5	3.2	4.0	5.0	5.6	6.0	6.4	8.0
焊芯长度（基本尺寸）/mm	200～250	250～350			350～450		450～700			

　　（2）焊芯中主要合金元素对焊接的影响

　　1）碳（C）　碳是钢中的主要合金元素。当含碳量增加时，钢
的强度和硬度明显地增加，而塑性降低。随着含碳量的增加，钢
的焊接性大大恶化，会引起较大的飞溅和气孔，而且对焊接裂纹

的敏感性明显增加。因此，低碳钢用焊芯中碳的质量分数小于0.1%。

2）锰（Mn）　锰是一种很好的合金剂。随着含锰量的增加，钢的强度和韧性增加。锰与硫化合生成 Mn_2S，生成的 Mn_2S 作为熔渣覆盖在金属表面，从而抑制硫的有害作用。同时，锰还有很好的脱氧作用。w (Mn)$^{\ominus}$一般以 0.3%～0.5% 为宜。

3）硅（Si）　硅在焊接过程中极易氧化成 SiO_2，从而使焊缝中含有多量的夹杂物，严重时会引起热裂纹。因此希望焊芯中的含硅量越少越好。

4）硫、磷（S、P）　硫、磷是有害元素，会引起裂纹和气孔。因此对于它们的含量应严格控制。在焊芯的牌号中，以字母"A"结尾的焊芯，对 S、P 的含量限制更加严格，例如 H08A。

2. 焊条药皮

（1）焊条药皮的作用

1）保证电弧稳定燃烧，使焊接过程正常进行。

2）保护电弧和熔池。空气中的氮、氧等气体对焊接熔池的冶金反应有不良影响。利用焊条药皮熔化后产生的气体能够防止空气中的氮、氧进入熔池。药皮熔化后形成熔渣，覆盖在焊缝表面，隔绝了有害气体的影响，使焊缝金属冷却速度降低，有助于气体逸出，防止气孔的产生，改善焊缝的组织和性能。

3）焊条药皮参与了复杂的冶金反应。通过药皮将所需要的合金元素渗入到焊缝金属中，可以控制焊缝的化学成分，以获得希望的焊缝金属性能。在焊条药皮中添入 Mn、Si 等合金化元素，可以进行脱氧、脱硫、脱磷等，从而改善焊缝质量。

（2）药皮的组成及类型　焊条药皮为了达到诸多要求，由多种原材料按一定的配比组成。药皮中原材料的作用是：稳弧、造气、造渣、脱氧、合金化、粘结、成形。

药皮中的一种材料在药皮中同时会有几种作用，其中有些是

───────

$\ominus$ w (Mn) 表示 Mn 的质量分数，下同。

主要的，有些是次要的。这些材料按其所起的作用，分别称为稳弧剂、造渣剂、造气剂等。常用的稳弧剂有碳酸钾、钾水玻璃等；常用的造渣剂有钛铁矿、金红石、大理石等，它们是药皮中最基本的组成物；常用的脱氧剂有锰铁、钛铁、硅铁等。

采用不同的材料，按不同的配比设计药皮便产生了多种不同类型的药皮。下面介绍几类焊条的药皮类型。

1）碳素钢焊条（GB/T5117—1995）和低合金钢焊条（GB/T5118—1995）的药皮类型见表2-3。

2）按化学成分分类的不锈钢焊条（GB/T983—1995）的药皮

表 2-3 碳素钢和低合金钢焊条的药皮类型

药皮类型代号	药皮类型名称	药皮类型代号	药皮类型名称
00	特殊型	18	铁粉低氢型
01	钛铁矿型	20	高氧化铁型
03	钛钙型	22	氧化铁型
10	高纤维钠型	23	铁粉钛钙型
11	高纤维钾型	24	铁粉钛型
12	高钛钠型	27	铁粉氧化铁型
13	高钛钾型	28	铁粉低氢型
15	低氢钠型	48	铁粉低氢型
16	低氢钾型	—	—

表 2-4 不锈钢焊条的药皮类型

药皮类型代号	药皮类型名称	操作位置	电流种类
15	碱性药皮	全位置	直流反接
16	碱性或其它类型	全位置	交流或直流反接

表 2-5 铬及铬钼钢（耐热钢）焊条的药皮类型

药皮类型代号	药皮类型名称	焊接位置	焊接电流
00	氧化钛、氧化铁型	全位置	交、直流
03	钛钙型	全位置	交、直流
15	低氢型	全位置	直流

类型见表 2-4。

　3）铬及铬钼钢焊条的药皮类型见表 2-5。

其它类型焊条的药皮类型将在相应的章节中再予以介绍。

（3）酸性焊条和碱性焊条　钢焊条熔渣主要由氧化物组成。这些氧化物按化学性质可分为碱性氧化物、酸性氧化物和两性氧化物。熔渣中除氧化物外，还有氟化物（CaF_2、NaF、KF 等）和氯化物（KCl、$NaCl$ 等）及少量的硫化物、碳化物。

当焊条熔渣的成分主要是酸性氧化物（如 TiO_2、Fe_2O_3、SiO_2）时，熔渣表现为酸性，这类焊条称为酸性焊条。碳钢和低合金钢焊条中的 E××13、E××03、E××01、E××20、E××10 类焊条都是酸性焊条。反之，焊条熔渣的成分主要是碱性氧化物（如大理石、萤石等）时，熔渣就表现为碱性，这类焊条称为碱性焊条。例如碳钢和低合金钢焊条中的 E××15、E××16、E××18 等。

酸性焊条和碱性焊条由于药皮的组成物不同，焊条的工艺性能以及焊缝金属的性能也不同，因此它们的应用场合有很大的区别。酸性焊条和碱性焊条的比较见表 2-6。

表 2-6　酸性焊条和碱性焊条的比较

	酸性焊条	碱性焊条
工艺性能特点	引弧容易，电弧稳定，可用交直流电源焊接	由于药皮中含有的氟化物影响气体电离，故电弧的稳定性较差，只能采用直流电源焊接
	对铁锈、油污和水分的敏感性不大，抗气孔能力强。焊条使用前经 75～150℃烘焙 1h	对水、锈产生气孔的敏感性较大，使用前须经 350～400℃烘焙 1h
	飞溅小，脱渣性好	飞溅较大，脱渣性稍差
	焊接时烟尘较少	焊接时烟尘较多
焊缝金属性能	焊缝常、低温冲击性能一般	焊缝常、低温冲击性能较好
	合金元素烧损较多	合金元素过渡效果好，塑性和韧性好。特别是低温冲击韧度好
	脱硫效果差，抗热裂纹能力差	脱氧、硫能力强。焊缝含氢、氧、硫低，抗裂性能好

从表 2-6 中可以看出，碱性焊条的塑性、韧性和抗裂性能均比酸性焊条好。所以在焊接重要结构时，一般均采用碱性焊条。

二、焊条型号

1. 焊条的分类

焊条分类按国家标准主要是依照焊条用途划分如下：

（1）碳素钢焊条　这类焊条主要用于强度等级较低的低碳钢和低合金钢的焊接。

（2）低合金钢焊条　这类焊条主要用于低合金高强度钢、含合金元素较低的钼和铬钼耐热钢及低温钢的焊接。

（3）不锈钢焊条　这类焊条主要用于含合金元素较高的钼和铬钼耐热钢及各类不锈钢的焊接。

（4）堆焊焊条　这类焊条用于金属表面层堆焊，其熔敷金属在常温或高温中具有较好的耐磨性和耐腐蚀性。

（5）铸铁焊条　这类焊条专用于铸铁的焊接和补焊。

（6）镍及镍合金焊条　这类焊条用于镍及镍合金的焊接、补焊或堆焊。

（7）铜及铜合金焊条　这类焊条用于铜及铜合金的焊接、补焊或堆焊。其中某些焊条可用于铸铁补焊或异种金属的焊接。

（8）铝及铝合金焊条　这类焊条用于铝及铝合金的焊接、补焊或堆焊。

（9）特殊用途焊条　指用于水下焊接、切割的焊条及管状焊条等。

2. 焊条型号的编制　焊条型号一般都由焊条类型的代号，加上其它表征焊条熔敷金属力学性能、药皮类型、焊接位置和焊接电流的分类代号组成。表 2-7 为各种焊条的分类及代号。

在本册书中，只介绍碳素钢焊条、低合金钢焊条型号的编制。其它如不锈钢焊条、铸铁焊条、堆焊焊条、铜及铜合金焊条、铝及铝合金焊条和特殊用途焊条的型号编制，将在中、高级教材相关章节中介绍。

表 2-7　焊条的分类及代号

类　别	代　号	类　别	代　号
碳素钢焊条	E	铜及铜合金焊条	ECu
低合金钢焊条	E	铸铁焊条	EZ
不锈钢焊条	E	铝及铝合金焊条	TAl
堆焊焊条	ED	特殊用途焊条	TS

（1）碳素钢焊条　碳素钢焊条型号根据熔敷金属的力学性能、药皮类型、焊接位置和焊接电流种类划分。按照熔敷金属抗拉强度的不同，碳素钢焊条形成两个系列，即 E43 系列（熔敷金属抗拉强度≥420MPa）和 E50 系列（熔敷金属抗拉强度≥490MPa），见表 2-8。

表 2-8　碳素钢焊条（GB/T5117—1995）**型号分类**

焊条型号	药皮类型	焊接位置	电流种类
E43 系列——熔敷金属抗拉强度≥420MPa(43kgf/mm²)			
E4300	特殊型	平、立、仰、横	交流或直流正、反接
E4301	钛铁矿型		交流或直流正、反接
E4303	钛钙型		
E4310	高纤维素钠型		直流反接
E4311	高纤维素钾型		交流或直流反接
E4312	高钠钾型		交流或直流正接
E4315	低氢钠型		直流反接
E4316	低氢钾型		交流或直流反接
E4320	氧化铁型	平	交流或直流正、反接
		平角焊	交流或直流正接
E4322		平	交流或直流正接

（续）

焊条型号	药皮类型	焊接位置	电流种类
E43 系列——熔敷金属抗拉强度≥420MPa（43kgf/mm²）			
E4323	铁粉钛钙型	平、平角焊	交流或直流正、反接
E4324	铁粉钛型		
E4327	铁粉氧化铁型	平	交流或直流正、反接
		平角焊	交流或直流正接
E4328	铁粉低氢型	平、平角焊	交流或直流反接
E50 系列——熔敷金属抗拉强度≥490MPa（50kgf/mm²）			
E5001	钛铁矿型	平、立、仰、横	交流或直流正、反接
E5003	钛钙型		
E5010	高纤维素钠型		直流反接
E5011	高纤维素钾型		交流或直流反接
E5014	铁粉钛型		交流或直流正、反接
R5015	低氢钠型		直流反接
E5016	低氢钾型		交流或直流反接
E5018	铁粉低氢钾型		
E5018M	铁粉低氢型		直流反接
E5023	铁粉钛钙型	平、平角焊	交流或直流正、反接
E5024	铁粉钛型		交流或直流正、反接
E5027	铁粉氧化铁型	平、平角焊	交流或直流正接
E5028	铁粉低氢型		交流或直流反接
E5048		平、仰、横、立向下	

下面以 E4315 为例说明焊条型号编制方法。

按 GB/T5117—1995 规定，碳素钢焊条型号编制方法如下：

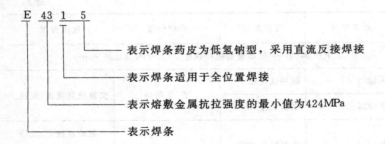

E 43 1 5

表示焊条药皮为低氢钠型，采用直流反接焊接

表示焊条适用于全位置焊接

表示熔敷金属抗拉强度的最小值为424MPa

表示焊条

1）首字母"E"表示焊条。

2）前两位数字表示熔敷金属抗拉强度的最小值，单位为 kgf/mm² （×9.8MPa）⊖，见示例中的 43。

3）第三位数字表示焊条的焊接位置，"0"和"1"表示焊条适用于全位置焊接（平焊、立焊、仰焊、横焊），"2"表示焊条适用于平焊及平角焊，"4"表示焊条适用于向下立焊。当第三和第四位数字组合使用时，表示焊接电流种类及药皮类型，见表 2-3。

4）在第四位数字后附加"R"，表示耐吸潮焊条；附加"M"表示耐吸潮和力学性能有特殊规定的焊条；附加"—1"表示冲击性能有特殊规定的焊条。

（2）低合金钢焊条　低合金钢焊条型号根据熔敷金属的力学性能、化学成分、药皮类型、焊接位置和焊接电流种类划分。与碳素钢焊条相类似，低合金钢焊条有九个不同的抗拉强度等级。依次为 E50 系列（熔敷金属抗拉强度 $\sigma_b \geqslant 490MPa$）、E55 系列（$\sigma_b \geqslant 540MPa$）、E60 系列（$\sigma_b \geqslant 590MPa$）、E70 系列（$\sigma_b \geqslant 690MPa$）、E75 系列（$\sigma_b \geqslant 740MPa$）、E80 系列（$\sigma_b \geqslant 780MPa$）、E85 系列（$\sigma_b \geqslant 830MPa$）、E90 系列（$\sigma_b \geqslant 880MPa$）、E100 系列（$\sigma_b \geqslant 980MPa$）。低合金钢焊条型号的编制在碳素钢焊条的编制方法上增加了部分内容。下面以 E5515-B3-VWB 加以具体说明。

⊖ kgf/mm² 为非法定计量单位，法定计量单位为 MPa，$1kgf/mm^2 = 9.8MPa$。

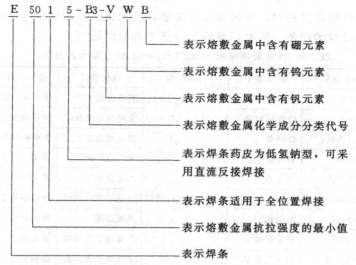

E 50 1 5 - B3 - V W B

表示熔敷金属中含有硼元素

表示熔敷金属中含有钨元素

表示熔敷金属中含有钒元素

表示熔敷金属化学成分分类代号

表示焊条药皮为低氢钠型，可采用直流反接焊接

表示焊条适用于全位置焊接

表示熔敷金属抗拉强度的最小值

表示焊条

1）字母"E"表示焊条。

2）数字部分的意义和碳素钢焊条一样。

3）紧跟数字后的字母（称为后缀字母）为熔敷金属的化学成分分类代号，并以短划"-"与前面数字分开。如例中"B3"。

4）若焊条还具有附加化学成分时，附加化学成分直接用元素符号表示，并以短划"-"与前后缀字母分开。

5）E50××-×、E55××-×、E60××-×型低氢型焊条的熔敷金属化学成分分类后缀字母或附加化学成分后面加字母"R"时，表示耐吸潮焊条。

表 2-9 列出了部分低合金钢焊条的型号。

三、焊条的选用、使用、保管知识

1. 焊条的选用　选用焊条时，应遵循以下原则：

（1）首先考虑母材的力学性能和化学成分　低碳钢和低合金高强度钢的焊接，一般情况下应根据设计要求，按强度等级来选用焊条。选用焊条的抗拉强度与母材相同或稍高于母材。但对于某些裂纹敏感性较高的钢种，或刚度较大的焊接结构，为了提高焊接接头在消除应力时的抗裂能力，焊条的抗拉强度以稍低于母材为宜。

焊接低温钢时，应根据设计要求，选用低温冲击韧度等于或高于母材的焊条，同时，强度不应低于母材的强度。

表 2-9　低合金钢焊条（GB/T5118—1995）型号的分类

焊条型号	药皮类型	焊接位置	电流种类	备　注
E5015-A1	低氢钠型		直流反接	碳钼钢焊条
E5018-A1	铁粉低氢型		交流或直流反接	碳钼钢焊条
E5003-A1	钛钙型		交流或直流	碳钼钢焊条
E5503-B1	钛钙型		交流或直流	铬钼钢焊条
E5515-B2L	低氢钠型		直流反接	铬钼钢焊条
E6018-B3	铁粉低氢型	平、立、仰、横	交流或直流反接	铬钼钢焊条
E5515-C1	低氢钠型		直流反接	镍钢焊条
E5516-C3	低氢钾型		交流或直流反接	镍钢焊条
E5518-NM	铁粉低氢型		交流或直流反接	镍钼钢焊条
EXX03-G	钛钙型		交流或直流	其它焊条
E7018-M	铁粉低氢型		交流或直流反接	其它焊条

注：焊条型号中的"××"代表焊条的不同抗拉强度等级。

耐热钢和不锈钢的焊接，为保证焊接接头的高温冲击性能和耐腐蚀性能，应选用熔敷金属化学成分与母材相同或相近的焊条。当母材中碳、硫、磷等元素的含量较高时，应选用抗裂性好的低氢型焊条。

低碳钢和低合金高强度钢的焊接，应选用与强度等级低的钢材相适应的焊条。

有色金属的焊接，应选用化学成分相近的焊条。

表 2-10 为根据母材的化学成分和力学性能推荐选用的焊条。

表 2-10　部分焊条的选用

钢材类别	焊条牌号	符合或相近国标型号	备　注
$\sigma_b \geqslant 420\text{MPa}$ 的低碳钢如 Q235-A、20g、20R	J422	E4303	酸性焊条，但不能用于韧性要求较高的场合
	J427，J426	E4315，E4316	低氢碱性焊条

钢材类别		焊条牌号	符合或相近国标型号	备　注
$\sigma_b \geqslant 510\text{MPa}$ 的碳锰钢如 Q345（16nM）、16MnR、20MnMo		J507	E5015	低氢碱性焊条
		J507D,J506D	E5015,E5016	低氢碱性焊条,全位置打底焊专用
$\sigma_b \geqslant 690\text{MPa}$ 的低合金高强度钢,如 18MnMoNbR		J707	E7015D2	低氢碱性焊条
		J707Ni	E7015G	低氢碱性焊条,低温性能和抗裂性能好
珠光体耐热钢	12CrMo	R207	E5515-B1	依厚度进行热处理
	15CrMo	R307	E5515-B2	焊后消除应力热处理
	12Cr1MoV	R317	E5515-B2V	焊后消除应力热处理
不锈钢	1Cr18Ni9Ti	A132	E347-16	—
	0Cr17Ni12Mo2	A202	E316-16	—
碳素结构钢＋低合金结构钢	Q235-A＋Q345(16Mn)	J422	E4303	
	20、20R＋Q345(16Mn)	J427 J507	E4315 E5015	
碳素结构钢＋铬钼低合金结构钢	Q235-A＋15CrMo	J427	E4315	视材质厚度决定是否热处理
	16MnR＋15CrMo	J507	E5015	视材质厚度决定是否热处理
	20＋15CrMo	R307	E5515-B2	—

（2）考虑焊件的工作条件　根据焊件的工作条件,包括载荷、介质和温度等,选择满足使用要求的焊条。比如在高温条件下工作的焊件,应选择耐热钢焊条；在低温条件下工作的焊件,应选择低温钢焊条；接触腐蚀介质的焊件应选择不锈钢焊条；承受动载荷或冲击载荷的焊件应选择强度足够,塑性和韧性较高的低氢型焊条。

（3）考虑焊接的结构复杂程度和刚度　对于同一强度等级的酸性焊条和碱性焊条,应根据焊件的结构形状和钢材厚度加以选用,形状复杂、结构刚度大及大厚度的焊件,由于焊接过程中产生较大的焊接应力,因此必须采用抗裂性能好的低氢型焊条。

（4）考虑劳动条件、生产率和经济性　在满足使用性能和操作性能的基础上，尽量选用效率高、成本低的焊条。焊接空间位置变化大时，尽量选用工艺性能适应范围较大的酸性焊条，在密闭容器内焊接时，应采用低尘、低毒焊条。

2. 焊条的管理与使用　焊条的保管和使用必须严格遵循焊条质量管理规程（JB3223—83）的规定。

（1）焊条的贮存与保管

1）焊条必须在干燥、通风良好的室内仓库中存放。焊条贮存库内，不允许放置有害气体和腐蚀性介质。焊条应离地存放在架子上，离地面距离不小于300mm，离墙壁距离不小于300mm。严防焊条受潮。

2）焊条堆放时应按种类、牌号、批次、规格、入库时间分类堆放，并应有明确标注，避免混乱。

3）特种焊条贮存与保管应高于一般性焊条。特种焊条应堆放在专用仓库或指定区域。受潮或包装损坏的焊条未经处理不许入库。

4）一般焊条一次出库量不能超过2天的用量，已经出库的焊条焊工必须保管好。

5）低氢型焊条贮存库室内温度不低于5℃，相对空气湿度低于60%。

（2）焊条使用前的烘干与保管　由于焊条药皮成分及其它因素的影响，焊条往往会因吸潮而使工艺性能变坏，造成电弧不稳，飞溅增大，并且容易产生气孔、裂纹等缺陷。因此，焊条使用前必须烘干。焊条的烘干和保管应注意以下几点：

1）焊条在使用前，酸性焊条视受潮情况在75～150℃烘干1～2h；碱性低氢型结构钢焊条应在350～400℃烘干1～2h，烘干的焊条应放在100～150℃保温箱（筒）内，随用随取。

2）低氢型焊条一般在常温下超过4h，应重新烘干。重复烘干次数不宜超过三次。

3）烘干焊条时，取出和放进焊条应防止焊条因骤冷骤热而产生药皮开裂、脱皮现象。

4）焊条烘干时应做记录，记录上应有牌号、批号、温度、时间等内容。

5）在焊条烘干期间，应有专门负责的技术人员，负责对操作过程进行检查和核对，每批焊条不得少于一次，并在操作记录上签字。

6）烘干焊条时，焊条不应成垛或成捆地堆放，应铺放成层状，每层焊条堆放不能太厚（一般1～3层），避免焊条烘干时受热不均和潮气不易排除。

7）露天操作隔夜时，必须将焊条妥善保管，不允许露天存放，应在低温烘箱中恒温保存，否则次日使用前还要重新烘干。

第二节 焊　　剂

焊剂主要作为埋弧焊和电渣焊使用的焊接材料，焊接过程中，焊剂起着与焊条药皮类似的作用。

一、焊剂的作用

焊剂是埋弧焊和电渣焊焊接过程中保证焊缝质量的重要材料，在焊接时焊剂能够熔化成熔渣（有的也有气体），防止了空气中有害气体氧、氮的侵入，并且向熔池过渡有益的合金元素，对熔池金属起保护和冶金作用。另外熔渣覆盖在熔池上面，熔池在熔渣的内表面进行凝固，从而可以获得光滑美观的焊缝表面成形。

二、焊剂的分类和型号

焊剂按制造方法分类可分为熔炼焊剂、非熔炼焊剂。

1. **碳素钢埋弧焊用焊剂**　按 GB5293—85 规定，碳素钢埋弧焊用焊剂型号的表示方法如下：

HJ $X_1 X_2 X_3$-H$\times\times\times$

1）"HJ"表示埋弧焊用焊剂。

2）第一位数字"X_1"为3、4、5。表示焊缝金属的抗拉强度等拉伸力学性能；第二位数字"X_2"为0或1，表示拉伸试样和冲击试样的状态；第三位数字"X_3"表示焊缝金属冲击韧度值不小于 34.3J/cm² 时的最低试验温度。

3）尾部"H×××"表示焊接试板用焊丝牌号。

碳素钢埋弧焊熔炼焊剂可分为 18 种，见表 2-11。

表 2-11　碳素钢埋弧焊用熔炼焊剂的分类

焊剂牌号	HJ130 HJ131	HJ150 HJ151	HJ172	HJ230	HJ250 HJ251 HJ525	HJ260	HJ330	HJ350 HJ351	HJ430 HJ431 HJ433 HJ434
焊剂类型	无 Mn 高 Si 低 F	无 Mn 中 Si 中 F	无 Mn 低 Si 高 F	低 Mn 高 Si 低 F	低 Mn 中 Si 中 F	低 Mn 高 Si 中 F	中 Mn 高 Si 低 F	中 Mn 中 Si 中 F	高 Mn 高 Si 低 F

HJ431 使用得较多，它属于熔炼型高硅高锰焊剂，其颜色为红棕色或淡黄色，呈玻璃状颗粒，粒度为 0.4～3mm，可交、直流两用，直流电源时采用反接。HJ431 工艺性能良好，电弧稳定，焊缝美观，但抗锈能力一般。

2. 低合金钢埋弧焊用焊剂　按 GB12470—90 规定，其型号的表示方法如下：

F X₁ X₂ X₃ X₄-H×××

1）"F"表示埋弧焊用焊剂。

2）数字 X₁、X₂、X₃ 及尾部"H×××"的意义同碳素钢埋弧焊用焊剂规定。

3）数字 X₄ 为焊剂渣系代号。

三、焊剂选用、使用、保管知识

高硅高锰焊剂属酸性焊剂，配合低碳钢焊丝或含锰焊丝，是国内目前应用最广泛的配合方式，多用于焊接低碳钢和某些低合金钢。但不宜用于焊接低温韧性较好的结构。

中硅焊剂碱性较高，所以能获得韧性较好的焊缝金属。这类焊剂配合适当的焊丝可用于焊接合金结构钢。

低硅焊剂对金属基本上没有氧化作用。它配合相应焊丝可用于焊接高合金钢。

表 2-12 为常用钢种的焊丝和焊剂选配。

表 2-12 常用钢种的焊丝和焊剂选配

钢　　种	选用焊丝牌号	配合焊剂牌号
Q235-A、15、20	H08A、H08MnA	HJ431、HJ230
20g、20R	H08A、H08MnA	HJ431、HJ430
Q345（16Mn）、16MnR、20MnMo	H08A、H08MnA、H10Mn2	HJ431
14MnMoV、18MnMoNb	H08MnMoA、H10Mn2、H06Mn2NiMoA	HJ250、HJ350

为了保证焊接质量，焊剂在保存时，应注意防止受潮。焊剂使用前，应按规定烘干，烘干后立即使用。酸性焊剂如 HJ431 的烘干温度为 250℃，保温 1～2h；碱性焊剂的烘干温度要高一些，如 HJ250 的烘干温度为 300～400℃，保温 2h。回收的焊剂要去渣壳。

第三节 焊　丝

焊接生产中大量采用焊条电弧焊。在工业发达国家，焊条的产量仍占焊材总产量的 30% 左右。在我国，这一比例为 80%～90% 左右。但从世界焊材发展的总趋势看，随着气体保护焊工艺的广泛应用和药芯焊丝不断崛起，手工焊条总的需求量会逐年下滑，今后的主要应用对象是修配及某些特殊场合。在焊丝的生产上，埋弧焊焊丝在我国已经应用得非常广泛，埋弧焊用薄钢带也有应用。近年来气体保护焊和药芯焊丝的应用得到很大发展，使焊丝在消耗焊材中所占的比例日益增加，成为一种重要的焊接材料。

一、焊丝的分类

焊丝按其结构可分为实芯焊丝和药芯焊丝。

实芯焊丝多为冷拔钢丝；而药芯焊丝则是由薄钢带纵向折迭并加入药粉后，再行拉拔而成。实芯焊丝使用的历史比较长，为目前主要使用的焊丝；药丝焊丝的使用比起实芯焊丝来晚了许多，但由于其具有一系列优点，在生产中应用得越来越多。

焊接用的焊丝按其保护方式又可分为两大类：一类是焊接时焊丝只起填充金属和导电的作用，施焊过程中要依靠焊剂保护或气体保护，如埋弧焊、CO_2 气体保护焊中使用的实芯焊丝和 CO_2 气体保护焊中使用的部分药芯焊丝；另一类焊丝在焊接过程中不需要外加气体或焊剂的保护，仅仅依靠焊丝自身的合金元素及高温时的反应来防止空气中氧、氮等气体的侵入，以及调整焊缝金属成分，这类焊丝称为自保护药芯焊丝，是一种很有发展前途的新型焊丝。国内已开始生产，但使用尚不广泛。

二、实芯焊丝

1. 实芯焊丝的分类　实芯焊丝分气体保护焊用碳素钢、低合金钢焊丝（钢丝），熔化焊用钢丝，铜及铜合金焊丝，铝及铝合金焊丝，镍及镍合金焊丝等。气体保护焊用焊丝（钢丝）主要包括二氧化碳气体保护焊、钨极气体保护焊和等离子弧焊的焊丝。熔化焊用钢丝主要包括适用于埋弧焊和电渣焊、气焊等用途的冷拉钢丝。

为了防止焊丝生锈，保持焊丝的光洁，焊丝表面一般都镀有一层铜，这也是为什么焊丝表面颜色为黄红色的原因。镀铜焊丝不影响焊丝的使用性能。

2. 气体保护焊焊丝（GB/T8110—1995）　本标准适用于碳素钢、低合金钢熔化极气体保护焊用的实芯焊丝，推荐用于钨极气体保护电弧焊和等离子弧焊的填充焊丝。焊丝型号的表示方法为：

ER××-×

字母 ER 表示焊丝，ER 后面的两位数字表示熔敷金属的最低抗拉强度，短划"-"后面的数字或字母表示焊丝化学成分分类代号。如还附加其它化学成分时，直接用元素符号表示，并以短划"-"与前面数字分开。举例如下：

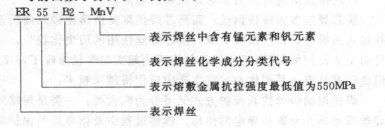

气体保护焊焊丝的直径比较小，最小为 0.5mm，最大为 3.2mm。二氧化碳气体保护焊常用焊丝的直径有 $\phi1.2mm$、$\phi1.6mm$，钨极气体保护焊常用焊丝的直径有 $\phi0.8mm$、$\phi1.2mm$、$\phi2.5mm$ 等。

表 2-13 列出了部分常用气体保护焊焊丝的牌号、型号对照以及它们的用途。

表 2-13　气体保护焊焊丝的牌号、型号对照及用途

国家标准		牌　　号	符合国家标准型号	用　　途
GB/T8110 —1995	推荐用于熔化极气体保护焊	MG49-1	ER49-1	焊接低碳钢及某些低合金钢结构
		MG49-Ni	—	用于 500MPa 级高强度钢、耐热钢的焊接
		MG50-3	ER50-3	适用于碳素钢及低合金钢的焊接
		MG50-4	ER50-4	碳素钢的焊接，薄板、管的高速焊接
GB/T8110 —1995	推荐用于钨极气体保护焊	TG50Re	ER50-4	各种位置的管子氩弧焊打底及弧焊
		TG50	—	同上
		TGR55CM	ER55-B2	锅炉受热面管子、蒸气管道、高压容器
		TGR55V	ER55B2MnV	石油裂化设备、高温化工机械的打底焊
GB/T14957—94		H08MnSi	—	400MPa 级构件焊接，主要用于单道焊
		H08Mn2Si H08Mn2SiA	—	碳素钢、低合金钢的焊接
		H11Mn2SiA	—	碳素钢、低合金钢的焊接

3. 气体保护焊用钢丝（GB/T14958—94）　气体保护焊用钢丝适于低碳钢、低合金钢和合金钢的气体（CO_2、CO_2+O_2、CO_2+Ar）保护焊，是冷拉钢丝。表面状态有镀铜（DT）和未镀铜两种，交货状态为捆（盘）状（KZ）和缠轴（CZ）。钢丝牌号有 H08MnSi、H08Mn2Si、H08Mn2SiA、H11MnSi、H11Mn2SiA 五种。

4. 熔化焊用钢丝（GB/T14957—94）　熔化焊用钢丝是适用于气体保护焊、埋弧焊、电渣焊和气焊的冷拉钢丝。焊丝牌号以字母"H"开头。对于低碳钢焊件，使用的牌号有 H08A、H08MnA、H10Mn2 等，其中 H08A 使用最为普遍。

熔化焊用钢丝的公称直径有 1.6mm、2mm、2.5mm、3mm、3.2mm、4.0mm、5.0mm、6.0mm 等几种。

三、药芯焊丝

1. 药芯焊丝的结构　药芯焊丝外观虽如普通焊丝，却内装焊剂，可分为加气体保护的气保护型药芯焊丝和不加气体保护的自保护药芯焊丝以及埋弧焊药芯焊丝等。药芯焊丝内的焊剂可以起到焊条药皮类似的保护熔滴、熔池免受氧化、氮化、辅助焊缝成形、稳定电弧、脱氧、脱硫、渗合金等一系列有益作用。它兼具了焊条和 CO_2 实芯焊丝的优点。制造规格有 $\phi1.2mm$、$\phi1.4mm$、$\phi1.6mm$、$\phi2.0mm$、$\phi2.4mm$、$\phi2.8mm$、$\phi3.2mm$、$\phi4.0mm$。一般把直径小于 2mm 的焊丝称为细径焊丝。

药芯焊丝的截面形状多种多样，图 2-2 是各种药芯焊丝的截面形状。

药芯焊丝最简单的截面形状是"O"形，通常又称为管状焊丝。这种焊丝由于芯部粉剂不导电，电弧容易沿四周的钢皮旋转，使得电弧稳定性差。因此"O"形只用于制造细径药芯焊丝。异形焊丝因钢皮在整个截面上分布比较均匀，所以电弧燃烧稳定，焊丝熔化均匀，冶金反应进行得比较充分，适合于制造 $\phi2.0mm$ 以上的焊丝。

2. 药芯焊丝的优点

（1）生产效率高　药芯焊丝可进行连续的自动化和半自动化

生产，与焊条相比，大大节约了更换焊条、引弧和收弧等辅助工序的时间。同时它的焊接飞溅小，不易堵塞焊嘴，所以比 CO_2 实芯焊丝更适于机器人焊接。

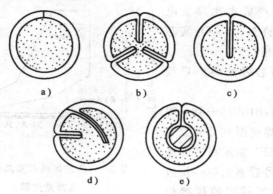

图 2-2　药芯焊丝的截面形状

a)"O"形　b)梅花形　c)"T"形　d)"E"形　e)中间填丝形

（2）熔敷速度快，飞溅小　熔敷速度是指熔焊过程中，单位时间内熔敷在焊件上的金属量。药芯焊丝之所以比焊条熔敷速度快，主要是因为它可以使用更大的焊接电流；同时，药芯焊丝中只含质量分数为 15%～20% 左右的药粉，而焊条的涂料药皮质量分数占 25% 以上，因此电能可以更有效地用来熔化焊丝的金属部分。与 CO_2 实芯焊丝相比，由于其电流集中于外表钢皮，电流密度大，所产生的电阻热更大；此外，飞溅小，所熔化金属可以更有效地进入熔池，因而药芯焊丝甚至比 CO_2 实芯焊丝的熔敷速度还要快。药芯焊丝焊接时比 CO_2 实芯焊丝的飞溅要小得多，图 2-3 为药芯焊丝与 CO_2 实芯焊丝飞溅大小的比较。

（3）焊接质量好　一般 CO_2 实芯焊丝只适合于低碳钢或强度级别较低的低合金钢的焊接，而药芯焊丝则适用于各种材料的焊接，不仅包括各种结构钢，也包括不锈钢等特殊材料。药芯焊丝焊缝的低温冲击韧度比实芯焊丝有了很大的提高，可适用于各种重要结构的焊接，而 CO_2 实芯焊丝一般只用于 0℃ 以上工作的一般钢结构。

（4）综合焊接成本低
药芯焊丝相对价格较高，但
其综合生产成本比焊条电
弧焊要低许多，与 CO_2 实芯
焊丝大体相当。

3. 药芯焊丝的型号及
牌号

按 GB10045—88 规
定，药芯焊丝第一部分以英
文字母"EF"表示药芯焊丝
代号，代号后面的第一位数
字表示主要适用的焊接位

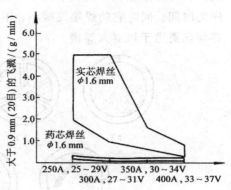

图 2-3 药芯焊丝和实芯焊丝的
飞溅量比较

置："0"表示用于平焊和横焊，"1"表示用于全位置焊。代号后
面的第二位数字或英文字母为分类代号。

第二部分在短横线后用四位数字表示焊缝金属的力学性能。

如焊丝型号 EF03-5042。

实际生产中还经常用牌号来表示药芯焊丝的类型。药芯焊丝
生产牌号用如下符号表示：

表 2-14 药芯焊丝的种类①

第二位字母	种　　类	第二位字母	种　　类
J	结构钢药芯焊丝	D	堆焊药芯焊丝
B	不锈钢药芯焊丝	R	耐热钢药芯焊丝

①　不同厂商可能不一样。

首字母"Y"表示药芯焊丝；第二位字母表示药芯焊丝种类
（见表 2-14）；第一、第二位数字表示焊丝特点；第三位数字表示
熔渣类型（或第三位以后之数字及元素符号表示焊缝金属化学成
分）；最后一位数字为"1"或"2"，分别表示气体保护或自保护，
并以短划"-"与前面部分分开。

表 2-15 药芯焊丝性能

焊丝牌号	符合国家标准型号	熔敷金属力学性能				说　明	用　途
		σ_b/MPa	σ_s/MPa	σ_5/%	A_{KV}/J		
YJ501-1		≥500	≥410	≥22	≥47 (0℃)	钛型 CO_2 气体保护药芯焊丝,用于全位置焊接,可进行向下立焊,焊角焊缝时,脱渣性好,焊缝成形美观	用于碳素钢及500MPa高强度钢的焊接
YJ502-1	EF01-5020	≥500	≥410	≥22	≥27 (0℃)	氧化钛钙型渣系的 CO_2 气体保护焊丝。采用直流反接,焊接工艺性能优良	可用于重要的低碳钢及相应强度的低合金结构钢的焊接
YJ507-1	EF03-5040	≥500	≥410	≥22	≥27 (-30℃)	低氢型 CO_2 气体保护焊丝,焊接效率高,工艺性能优良,内在质量稳定可靠	低碳钢及相应强度等级的低合金结构钢的焊接,如压力容器

（续）

焊丝牌号	符合国家标准型号	熔敷金属力学性能				说　　明	用　　途
		σ_b/MPa	σ_s/MPa	σ_5/%	A_{kv}/J		
YJ507TiB-1	EF03-5005	≥500	≥410	≥22	≥47 (−40℃)	碱性渣系高韧度药芯焊丝。熔敷金属具有在低温下优良的冲击韧度及断裂韧度，采用直流反接，适于平焊、角焊	重要低合金钢焊接结构，如：桥梁、造船、机械、化工、车辆等
YJ507G-2	EF04-5042	≥500	≥410	≥22	≥47	自保护药芯焊丝。直流反接。用于平焊和横焊位置单道焊或多道焊。焊接电弧稳定，脱渣性好	用于焊接较重要的低碳钢中、厚板结构
HYD616Nb	—				—	埋弧焊用药芯焊带，特点是熔深浅，堆焊层硬度稳定，配用HJ151焊剂及其改进型焊剂	用于特别严重磨料磨损的水泥碾辊、磨煤机碾辊等的表面堆焊

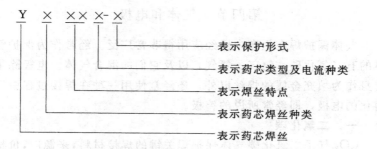

药芯焊丝发展很快，很多的药芯焊丝牌号目前还没有相应的国标型号对应。

4. 常用药芯焊丝的选用　表 2-15 为常用药芯焊丝性能的介绍，供选用时参考。

四、焊丝的使用

1）焊丝一般以焊丝盘、焊丝卷及焊丝筒的形式供货。焊丝表面必须光滑平整，如果焊丝生锈，必须用焊丝除锈机除去表面氧化皮才能使用。

2）对同一型号的焊丝，当使用 $Ar-O_2$ 为保护气体焊接时，熔敷金属的化学成分与焊丝的化学成分差别不大，但当使用 CO_2 为保护气体焊接时，熔敷金属中的 Mn、Si 和其它脱氧元素的含量会大大减少，在选择焊丝和保护气体时应予以注意。

3）一般情况下，实芯焊丝和药芯焊丝对水分的影响不敏感，不需做烘干处理。

4）施焊前，焊件应做除油、除锈处理。

5）焊丝购货后应存放于专用焊材库（库中相对湿度应低于 60%），对于已经打开包装的未镀铜焊丝或药芯焊丝，如无专用焊材库，应在半年内使用。

6）采用焊剂保护进行焊接，使用前应对焊剂做烘干处理；采用气体保护进行焊接，应控制气体中的含水量，焊接时风速大于 2m/s，应停止焊接。

第四节　气体和电极

气体保护焊在生产中已经应用得非常广泛。经常作为保护气体的有二氧化碳、氩气、氦气，以及它们的混合气体。电极除了自身作为填充金属的焊丝以外，还经常使用一种在焊接过程中不熔化的电极，即经常所说的钨极。

一、二氧化碳

CO_2 气是二氧化碳气体保护焊关键的焊接材料，来源广，价格便宜，这是它得到广泛应用的一个重要原因。CO_2 在常温常压下是无色无味气体，比空气重。CO_2 气体在常温下加压可液化或固化。焊接用的 CO_2 气体一般装在容积为 40L 的钢瓶内，以液态提供，钢瓶涂成黑色。

用于焊接用的 CO_2 气体的体积分数 $\varphi(CO_2)^{\ominus} \geqslant 99.5\%$。其中水分和乙醇的体积分数要求小于 0.05%。$CO_2$ 气体中的含水量是影响焊接质量的关键，水分多容易产生气孔、裂纹等缺陷。实际施焊时应采取以下措施来减少或消除 CO_2 气中的水分。

1）新用 CO_2 气体，使用前应将钢瓶倒置 1～2h，使相对密度大的水分沉到瓶口部位，然后打开瓶阀放出一部分液体，如此进行 2～3 次。

2）使用前开启瓶阀约 2min，放掉部分杂质。

3）供气管路中串联干燥器以便进一步减少 CO_2 气体中的水分。

由于气瓶中压力越低，则含水量越高，因此在 CO_2 气瓶使用到压力低于 1.0～2.0MPa 时，应停止使用。

二、氩气

氩气是惰性气体，具有高温下不分解又不与焊缝金属进行化学反应的特性。氩气比空气重 37%，使用时不易漂浮失散，有利于起保护作用，所以是一种理想的保护气体。按我国现行规定，焊

$\ominus$　φ（CO_2）表示 CO_2 气体的体积分数，下同。

接用氩气纯度 ψ（Ar）应达到 99.99%。

氩气对电弧的热压缩效应较小，加上氩弧燃烧电压较低，即使氩弧长度稍有变化，也不会显著地改变电弧电压。因此，电弧稳定，很适于手工焊接。

氩气瓶其外表涂成灰色并注有绿色"氩"字标志字样。目前，我国常用氩气瓶的容积为 33L、40L、44L，最高工作压力为 15MPa。

氩气瓶在使用中应直立放置，严禁敲击、碰撞，防止日光曝晒。

三、钨极

钨极类型及牌号见表 2-16。

在表 2-16 所示的电极中，纯钨极很少采用。钍钨极的使用性能很好，但由于其具有放射性且成本较高，所以现在使用得不多。铈钨极是使用最多的电极，与钍钨极相比，在直流小电流焊接时，易建立电弧，引弧电压比钍钨极低 50%，电弧燃烧稳定。铈钨极最大许用电流密度比钍钨极高 5%～8%，热量集中，几乎没有放射性，故应尽量采用。

表 2-16　钨极类型及牌号

钨极类型	纯钨极	钍 钨 极	铈 钨 极	锆钨极
牌号	W1,W2	WTh-7,WTh-10, WTh15,WTh-3	WCe-5,WCe-13, WCe-20	WZr-150

常用钨极的规格以直径（mm）表示，通常有 0.5、1.0、1.6、2.0、3.2、4.0、5.0、6.3、8.0、10.0 多种。

复 习 思 考 题

1. 焊芯有什么作用，焊芯中的合金元素碳、锰、硅、硫、磷对焊缝性能有什么影响？

2. 焊条药皮的作用有哪些？

3. 何谓酸性焊条和碱性焊条？它们各有什么特点？

4. 合理选用焊条的原则是什么？

5. 焊条在使用前为什么要进行烘干？

6. 为什么在焊接重要结构时，倾向于使用碱性焊条？

7. E4327 中第三位数字代表什么意义，其熔敷金属抗拉强度为多少？

8. 酸性焊条、碱性焊条各适用于采用什么电源焊接？

9. 焊剂的作用有哪些？

10. 为获得冲击韧度较高的焊缝金属，应选用什么类型的焊剂？

11. 焊丝按结构如何分类？

12. 没有药皮的焊条能不能使用，为什么？

13. HJ431 属于什么类型的焊剂？

14. 实芯焊丝和药芯焊丝在结构上有什么区别？

15. 气保护焊丝常用规格有哪些？

16. 药芯焊丝的截面形状有哪几种？

17. 为什么 φ2.0mm 以上的药芯焊丝截面形状采用 "O" 形的比较少？

18. 为什么药芯焊丝的熔敷速度比焊条电弧焊高，甚至比 CO_2 实芯焊丝熔敷速度还高。

19. 国家标准药芯焊丝的代表字母是什么？

20. 惰性气体作为保护气体有什么好处？

21. CO_2 气体使用时可以采取什么措施来减少或消除气体中的水分？

第三章 焊接接头及焊缝形状

培训要求 掌握接头和坡口形式的相关知识以及焊缝尺寸的标注；熟悉各种焊接位置的特点；了解坡口的加工以及外观缺陷的检验。

第一节 接头形式及坡口形式

一、接头形式

一个焊接结构总是由若干个焊接接头所组成。由于焊件厚度、结构形状以及对焊接质量要求的不同，其接头形式也不相同。焊接接头形式很多，其中以对接接头、T形接头、角接接头、搭接接头应用得最多。常见接头形式如图 3-1 所示。

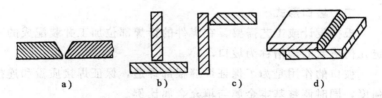

a)   b)   c)   d)

图 3-1 焊接接头形式
a) 对接接头 b) T形接头 c) 角接接头 d) 搭接接头

1. 对接接头 两焊件表面构成大于或等于 135°，小于或等于 180°夹角的接头称为对接接头，如图 3-1a 所示。它是各种焊接结构中采用最多的一种接头形式。对接接头的应力集中相对较小，能承受大的静载荷和较高的疲劳交变载荷。不等厚度钢板的对接，应将厚板削薄后对接。重要焊接结构，如锅炉的锅筒对接，板差超过范围时，应将厚板的边缘削薄至与薄板边缘对齐，削出的斜面平滑且斜率不大于 1:4，见图 3-2。

2. T 形接头　一焊件的端面与另一焊件表面构成直角或近似直角的接头称为 T 形接头,如图 3-1b所示。其特点是应力分布不均匀,虽承载能力低,但能承受各种方向的力和力矩,生产中应用得也很普遍。

3. 角接接头　两焊件端面间构成大于 30°、小于 135°夹角的接头称为角接接头,如图 3-1c 所示。这种接头的承载能力很差,多用于不重要的结构中。

4. 搭接接头　两焊件部分重叠构成的接头称为搭接接头。根据结构形式和对强度的要求不同,搭接接头又可分为 I 形坡口、塞焊、内角焊等

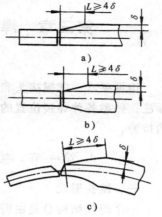

图 3-2　不同厚度钢板的对接

几种形式,如图 3-1d 所示。这种接头形式特别适用于被焊结构狭小处以及密闭的焊接结构。

二、坡口形式

根据设计或工艺需要,在焊件的待焊部位加工并装配成的一定几何形状的沟槽称为坡口。

坡口的作用是为了保证焊缝根部焊透,保证焊接质量和连接强度,同时调整基本金属与填充金属比例。

焊接接头的坡口形式很多。焊条电弧焊焊缝坡口的基本形式和尺寸详见 GB985—88,埋弧焊焊缝坡口的基本形式详见 GB986—88。焊接接头的基本坡口形式有 I 形坡口、V 形坡口、X 形坡口和 U 形坡口,见图 3-3。其它类型的坡口可在基本坡口形式上发展起来。

1. I 形坡口　I 形坡口用于较薄钢板的焊件对接。采用焊条电弧焊或气体保护焊焊接厚度在 5～6mm 以下的钢板可以开 I 形坡口。如果采用埋弧焊,这个厚度一般可以放到 12～14mm。这种坡口的焊缝填充金属(焊条或焊丝)很少。

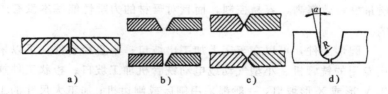

图 3-3　坡口形式

a）I形坡口　b）V形坡口　c）X形坡口　d）U形坡口

2.V形坡口　这种坡口形状简单，加工方便，是最常用的坡口形式。焊接时为单面焊，不用翻转焊件，但由于是单面焊，焊后容易往一个方向变形。因此在必要时，应采取反变形措施。

3.X形坡口　钢板厚度为12～60mm时可采用X形坡口。X形坡口与V形坡口相比，在相同厚度下，能减少焊缝金属量约1/2。而且由于双面焊，焊后的残余变形较小。

4.U形接口　U形坡口应用于厚板焊接。对大厚度钢板，当焊件厚度相同时，U形坡口的焊缝填充金属要比V形、X形坡口少得多，而且焊件产生的变形也小。但这种坡口加工较困难，一般应用于重要的焊接结构。U形坡口有带钝边U形坡口、带钝边J形坡口（单边U形坡口）、带钝边双U形坡口等。留钝边的作用是防止根部焊穿。

当工艺上有特殊要求时，生产中还经常采用各种比较特殊的坡口。如厚壁圆筒形容器的终结环缝采用内壁焊条电弧焊、外壁埋弧焊的焊接工艺，为减少焊条电弧焊的工作量，筒体内壁可采用较浅的V形坡口，而外壁为减少埋弧焊的工作量，采用U形坡口，于是形成一种组合坡口，实例见图3-4。

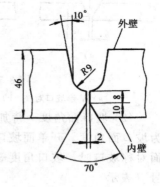

图 3-4　组合坡口

三、坡口加工

生产中的坡口加工，多采用机械加工。因为机械加工的坡口质量好，效率高，容易控制，而且对母材的力学性能基本没有影响。

圆形工件，可以在车床上加工出坡口；小直径管件，可以采用专用的铣管机、小型气动或电动铣管机加工坡口；板状工件加工 V 形或 X 形坡口，一般都采用刨床或刨边机；加工大尺寸的工件，应该采用刨边机；加工 U 形坡口时，由于坡口截面形状的特殊性，需要采用成形刀具，刨或铣出要求形状的坡口。

另外，利用碳弧气刨也可以开坡口，但要注意的是有些材料不适宜采用碳弧气刨。目前有时还采用火焰切割。自动或半自动切割出的坡口能达到很好的质量，应用比较多；手工切割割出的坡口质量稍差，但不受加工条件的限制。利用这两种方法开出坡口后，要用砂轮对坡口加以打磨，然后才能进行焊接。

四、坡口的几何尺寸

(1) 坡口角度　两坡口面之间的夹角称为坡口角度，用符号 α 表示，见图 3-5。

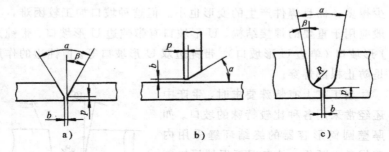

图 3-5　坡口的几何尺寸

a) V 形坡口对接　b) Y 形坡口 T 形接　c) U 形坡口对接

(2) 坡口面角度　待加工坡口的端面与坡口面之间的夹角称为坡口面角度。开单面坡口时，坡口角度等于坡口面角度；开双面对称坡口时，坡口角度等于两倍的坡口面角度。坡口面角用符号 β 表示。

(3) 根部间隙　焊件装配好后，在焊缝根部通常都留有间隙。这个间隙，有时是装配的原因，有时是故意留的。在单面焊双面成形的操作中，就应注意要留有一定的间隙，以保证在焊接打底焊道时，能把根部焊透。根部间隙用符号 b 表示。

（4）钝边　钝边的作用是防止焊缝根部焊穿。钝边留多少，视焊接方法及采取的工艺不同而不同。钝边尺寸用符号 p 表示。

（5）根部半径　在 J 形、U 形坡口底部的半径称为根部半径，用符号 R 表示，见图 3-5。根部半径的作用是增大坡口根部的空间，使焊条或焊丝（考虑到焊嘴尺寸的影响）能够伸入根部的空间，以促使根部焊透。

第二节　焊接参数对焊缝形状的影响

一、焊缝各部分尺寸介绍

在说明焊接参数对焊缝形状的影响之前，先介绍一下焊缝各部分尺寸。

（1）对接坡口焊缝　对接坡口焊缝各部分名称见图 3-6。

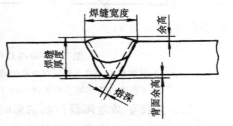

图 3-6　对接焊缝各部分名称

焊缝的余高不能低于母材，但也不能太高，因为余高虽使焊缝处的截面积增加，强度提高，但也使焊趾处产生应力集中，反而会影响焊接质量。另外，余高过高还会影响射线探伤的灵敏度。国家标准规定焊条电弧焊的余高值为 0～3mm，埋弧焊余高为 0～4mm。

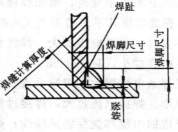

图 3-7　角焊缝各部分名称

在焊接接头横截面上，母材或前道焊缝熔化的深度称为熔深。当填充焊缝金属材料（焊条或焊丝）一定时，熔深的大小决定了焊缝的化学成分。

另外，还经常用焊缝成形系数来表示焊缝的形状特点。焊缝成形系数是熔焊时，在单道焊缝横截面上焊缝宽度（B）与焊缝计算厚度（H）的比值（$\varphi=B/H$），见图 3-8。埋弧焊的焊缝成形系数一般要大于 1.3。

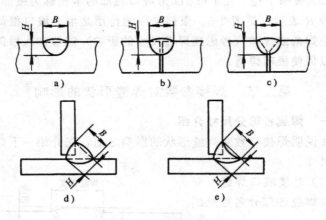

图 3-8　焊缝成形系数

a）熔敷焊缝　b）I 形坡口对接焊缝　c）Y 形坡口对接焊缝
d）I 形坡口 T 形接头凸焊缝　e）I 形坡口 T 形接头凹焊缝

二、焊接参数对焊缝形状的影响

1. 焊接电流、电弧电压的影响　一般来说，焊接电流是决定焊缝厚度的主要因素，而电弧电压则是影响焊缝宽度的主要因素。

当其它条件不变时，增加焊接电流，则焊缝厚度和余高都增加，而焊缝宽度几乎保持不变（或略有增加），见图 3-9a。当其它条件不变时，电弧电压增大，焊缝宽度显著增加，而焊缝厚度和余高将略有减小，见图 3-9b。

在焊条电弧焊中，焊接电流直接影响焊接过程的稳定性和焊缝的成形。焊接电流过大，焊接过程稳定性差，焊缝熔深大，并伴随咬边的出现和烧穿的危险性；焊接电流小，焊缝窄而高；焊接电流适中时，焊缝与母材结合良好，形成圆滑过渡，焊缝表面成形美观。

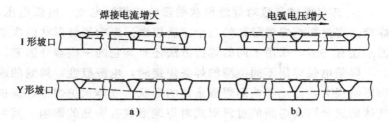

焊接电流增大   电弧电压增大

I 形坡口

Y 形坡口

a)   b)

图 3-9   埋弧焊焊接电流、电弧电压对焊缝形状的影响

a) 焊接电流对焊缝形状的影响   b) 电弧电压对焊缝形状的影响

在 CO_2 气体保护焊中，焊接电流与电弧电压对焊缝形状的影响，与埋弧焊和焊条电弧焊有相似的特点，见图 3-10。

焊接电流增加时，一方面电流密度增加，提高了焊接的穿透力，使焊缝厚度增加；另一方面，电弧电压不变，电弧的截面略有增加，对焊缝宽度影响不大。当其它条件不变时，随着电弧电压的增加，首先电弧摆动范围扩大而导致焊缝宽度增加；其次，弧

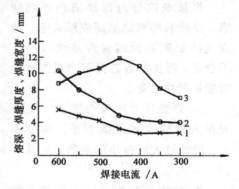

图 3-10   焊接电流对焊缝形状的影响

1—焊缝厚度   2—熔深   3—焊缝宽度

（焊丝直径 1.6mm，CO_2 气体流量 20L/min，

电弧电压 38V，焊接速度 70cm/min）

长增加后，电弧的热量损失加大，所以用来熔化母材和焊丝的热量减少，相对焊缝宽度和余高就略有减小。

2. 焊接速度的影响   焊接速度对焊缝厚度和焊缝宽度有明显影响。当焊接速度增加时，在单位长度上输入的热量减少，导致焊缝宽度和厚度都大为下降。

从焊接生产率考虑，焊接速度越快越好，但当焊缝厚度要求一定时，就得进一步提高焊接电流和电弧电压，所以，这三个焊接参数应该综合在一起进行选用。

3. 其它焊接参数对焊缝形状的影响 焊接电流、电弧电压、焊接速度是影响焊缝形状的三个主要因素。影响焊缝形状的次要因素还有许多，采用不同的焊接方法还有其它的一些额外因素。

焊条电弧焊用不同类型的焊条焊接时，电源极性对焊缝的成形影响很大，因此影响到焊缝最终的形状。气体保护焊中，保护气体的成分以及熔滴的过渡形式对焊缝形状有明显的影响。其它还有电极或焊丝的倾角、焊条或焊丝的直径等等，这些都会对焊缝形状有一定的影响。

三、检查外观质量

焊接缺陷分内部缺陷和外部缺陷。焊接的外部缺陷即成形缺陷。造成这些缺陷的原因常常是坡口尺寸不合适、焊接参数选择不当或焊丝未对准焊缝中心等。

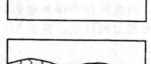
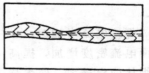

图 3-11　焊缝尺寸
不符合要求

1. 焊缝尺寸不符合要求 主要表现为焊缝表面高低不平、宽窄不一、尺寸过大或过小的现象，见图3-11。

2. 咬边 咬边是由于焊接参数选择不当，或操作方法不正确，沿焊趾的母材部位产生的沟槽或凹陷，如图3-12所示。咬边减小了母材焊件的工作截面，并且产生很大的应力集中，容易引起裂纹，使焊接接头的强度降低，咬边深度一般要求不超过0.5mm。对于重要的焊件，不允许存

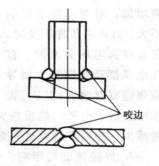

图 3-12　咬边

在咬边，如压力容器、管道的纵、环焊缝等。

3. 焊瘤和凹坑 焊瘤和凹坑见图3-13。焊瘤是焊接过程中，熔化金属流淌到焊缝金属之外未熔化的母材上所形成的金属瘤。金属瘤不仅影响焊缝外观，而且易造成应力集中，应设法将金属瘤

去除.凹坑是焊后在焊缝表面或焊缝背面,形成的低于母材表面的局部低洼部分。在焊缝收弧处往往会因操作技能不熟练产生凹陷现象,形成弧坑.在焊缝收弧处应注意做短时间的停留或做划圈收弧,在焊件上不允许有凹坑。

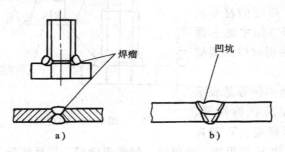

焊瘤

凹坑

a)

b)

图 3-13　焊瘤和凹坑

4. 其它外观缺陷　其它外观缺陷还有烧穿、错边、表面裂纹等。

对焊缝进行外观检查,表面质量应满足相应的检验标准。焊缝外形尺寸应符合设计图样和工艺文件的规定;焊缝高度不低于母材表面;焊缝与母材应平滑过渡;焊缝及其热影响区表面无裂纹、夹渣、弧坑和气孔。若允许少量缺陷的存在,其比例应低于规定值。

防止产生这些缺陷的方法,一方面要选择合适的焊接参数;另一方面作为焊接工作的操作者要熟练掌握操作技能,不断积累经验。

第三节　焊　缝　符　号

焊缝符号是工程语言的一种,用于在图样上标注焊缝形式、焊缝尺寸和焊接方法等。焊缝符号是进行焊接施工的主要依据。从事焊接工作的人,要熟悉常用焊缝符号的标注方法及其含义。

焊缝符号一般由基本符号与指引线组成。必要时还可以加上辅助符号、补充符号和焊缝尺寸符号。当然,在表示焊缝时,也

58

可以采用机械制图的方法来详细表示。

焊缝标注示例见图 3-14。

图 3-14 所示的焊缝
符号中有：基本符号（图
中数字 8 后面的符号）、
补充符号（图中的一面
黑旗）、指引线以及焊缝
尺寸符号。

1）基本符号是表示
焊缝截面形状的符号。
比如 I 形焊缝、V 形焊

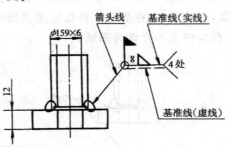

图 3-14 焊缝标注

缝、带钝边 V 形焊缝、角焊缝、封底焊缝等，其具体符号见表 3-1。本例表示焊缝是一角焊缝。

表 3-1 焊缝基本符号

序号	名 称	示 意 图	符号
1	卷边焊缝		八
2	I 形焊缝		‖
3	V 形焊缝		V
4	单边 V 形焊缝		V
5	带钝边 V 形焊缝		Y
6	带钝边单边 V 形焊缝		Y
7	带钝边 U 形焊缝		Y

（续）

序号	名　称	示　意　图	符号
8	带钝边 J 形焊缝		⊬
9	封底焊缝		▽
10	角焊缝		◸
11	塞焊缝或槽焊缝		⊔
12	点焊缝		○
13	缝焊缝		⊖

　　2）辅助符号是表示焊缝表面形状特征的符号。辅助符号有三种，分别表示焊缝表面平齐、焊缝表面凹陷、焊缝表面凸起。一般情况下，不需要确切地说明焊缝的表面形状，所以辅助符号经常不标。

3）有时为了补充说明焊缝的某些特征，需要其它符号来表示。比如要表示焊缝环绕工件周围，用一圆圈表示；要表示焊接时焊缝底部带有垫板，可以用一矩形来表示等，这些都属于补充符号。本例中的黑旗称为现场符号，表示此处焊缝在现场或工地上进行焊接。补充符号应用示例见表3-2。

表3-2 焊缝补充符号应用示例

示 意 图	标 注 示 例	说　　明
	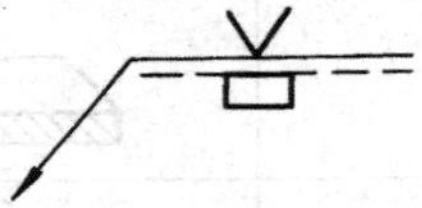	表示 V 形焊缝的背面底部有垫板
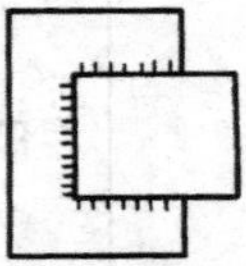	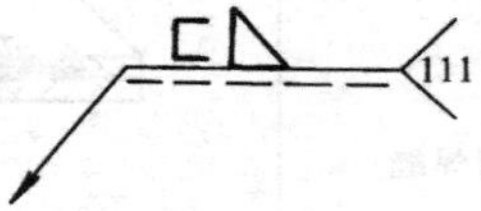 111	工件三面带有焊缝，焊接方法为焊条电弧焊
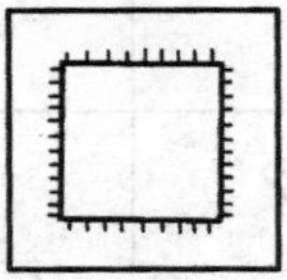	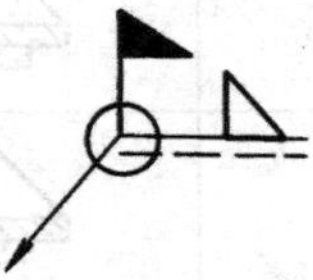	表示在现场沿焊件周围施焊

4）但是为了完整地表示焊缝，除了以上符号以外，还应包括指引线、一些尺寸符号及数据。

指引线一般由带有箭头的指引线和两条基准线（一条为实线，另一条为虚线）两部分组成，如图3-15a 所示。如果焊缝在接头的箭头侧，则将基本符号标在基准线的实线侧，如图3-15b 所示；如果焊缝在接头的非箭头侧，则将基本符号标在基准线的虚线侧，如图3-15c 所示；标注对称焊缝及双面焊缝时，可不加虚线，如图3-15d 所示。

焊缝尺寸众多，标注实际焊缝时，如果尺寸因素较少，直接在焊缝符号上标注。有时为了更明确地表示出焊缝的形式，就采用机械制图的方式来表示。图3-16 为采用机械制图方法表示焊缝形式的几个例子。

表 3-3 列出了一些常用焊缝尺寸的标注示例。

表 3-3   焊缝尺寸的标注示例

序号	名称	示意图	焊缝尺寸符号	示例
1	对接焊缝		S：焊缝有效厚度	S ∨
				S ||
			S：焊缝有效厚度	S Y
2	连续角焊缝		K：焊脚尺寸	K ◸
3	断续角焊缝		l：焊缝长度（不计弧坑） e：焊缝间距 n：焊缝段数	K ◸ $n \times l(e)$
4	点焊缝		n：焊缝段数 e：间距 d：焊点直径	d ○ $n \times (e)$

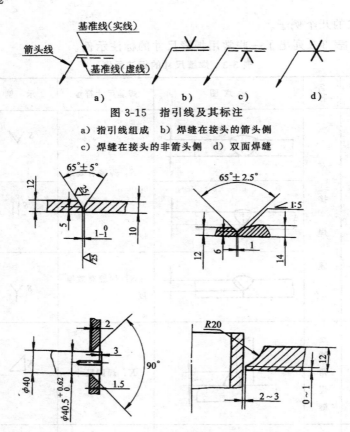

图 3-15 指引线及其标注

a) 指引线组成　b) 焊缝在接头的箭头侧

c) 焊缝在接头的非箭头侧　d) 双面焊缝

图 3-16 采用机械制图表示焊缝形式

第四节 焊 接 位 置

一、焊接位置的分类

焊接位置基本分为四种，即平焊位置、横焊位置、立焊位置、仰焊位置，见图 3-17。在其位置上进行的焊接分别称为平焊、横焊、立焊、仰焊。

1. 平焊位置　焊缝倾角 0°，焊缝转角 90°的焊接位置，见图 3-18a。

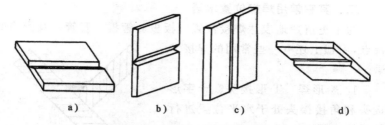

图 3-17　焊接位置实物示意图

a）平焊位置　b）横焊位置　c）立焊位置　d）仰焊位置

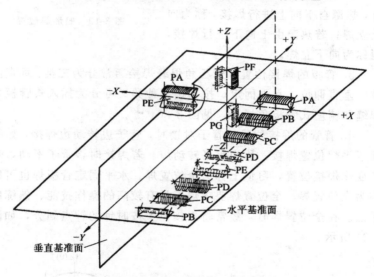

图 3-18　焊接位置坐标示意图

PA—平焊位置　PB—平角焊位置　PC—横焊位置　PD—仰角
焊位置　PE—仰焊位置　PF—立焊位置　PG—立焊位置

　　2. **横焊位置**　焊缝倾角 0°，焊缝转角 0°、180°的对接位置，见图 3-18b、c。

　　3. **立焊位置**　焊缝倾角 90°（立向上）、270°（立向下）的焊接位置，见图 3-18d。

　　4. **仰焊位置**　对接焊缝倾角 0°、180°；转角 270°的焊接位置，见图 3-18e、f。

二、其它常用焊接位置术语

为了更清楚地表达焊接位置（板板、管板、管管）及操作的
特点,习惯上还有一些常用的焊接术
语。

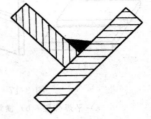

1. 船形焊　T形接头、十字形
接头和角接接头处于水平位置进行
的焊接（图3-19）。

2. 向下立焊和向上立焊　立焊
时,热源自下向上进行焊接,称为向
上立焊;若热源由上向下进行焊接,
则称为向下立焊。

图 3-19　船形焊位置

3. 管板的焊接位置　管板角焊缝焊接通常分为三类:垂直俯
位、垂直仰位、水平固定。按其接头种类又可分为插入式管板角
焊缝和骑座式管板角焊缝,见图3-20。

4. 管管的焊接位置　管子对接时,管子边转动边焊接,始终
处于平焊位置焊接,称为水平转动焊。若焊接时,管子不动,焊
工变化焊接位置,习惯上称为全位置焊。水平固定管板焊也可以
称为全位置焊。全位置焊要求焊工具有较高的操作技能、熟练的
手法。在全位置焊时,经常将焊接位置按时钟的钟点划分,如图
3-21 所示。

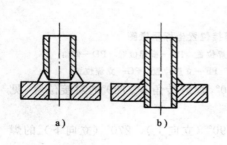

图 3-20　管板焊接位置

a)骑座式管板　b)插入式管板

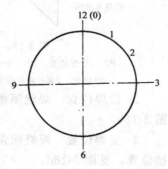

图 3-21　全位置焊

钟点位置

复 习 思 考 题

1. 在焊接结构中，什么形式的焊接接头应用的最多，为什么？

2. 焊接接头的基本坡口形式有几种？它们的应用范围是什么？46mm 厚的钢板对接应该考虑开什么样的坡口？

3. 试述坡口几何尺寸的含义。

4. 根部间隙和钝边对保证焊接质量有什么重大意义？结合自己的体会思考一下。

5. 影响焊缝形状的主要焊接参数是什么？

6. 焊接电流和电弧电压对焊缝形状有什么影响？

7. 焊缝外观质量的检查要检查哪些方面？

8. 焊缝符号由哪几部分组成，结合图样和产品认真体会一下焊缝标注的使用。

9. 焊缝的余高是越高越好吗？

10. 焊缝宽度和厚度与哪些焊接参数的影响有关，它们之间是什么关系？

11. 认真对照表 3-1，体会一下基本符号代表的意义。

12. 基本焊接位置有哪几种？

13. 基本焊接位置中，哪个位置最难掌握？

14. 全位置焊的特征是什么？一般情况下采用什么办法说明焊接时的位置？

第四章 焊条电弧焊

培训要求　掌握焊条电弧焊的基本操作技能；熟悉焊条电弧焊的工艺特点，会选择焊接工艺；了解其使用范围、特点。

第一节　概　　述

焊条电弧焊是一种发展较早的电弧焊方法，目前仍然是应用最广泛的一种焊接方法。

一、焊条电弧焊的焊接过程

焊条电弧焊由弧焊电源、焊接电缆、焊钳、焊条、焊件、电弧构成焊接回路，如图 4-1 所示。焊接时采用接触短路引弧法引

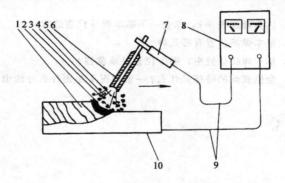

图 4-1　焊条电弧焊的焊接过程

1—焊缝　2—熔池　3—保护气体　4—电弧　5—熔滴　6—焊条
7—焊钳　8—焊机　9—焊接电缆　10—焊件

燃电弧，然后提起焊条并保持一定的距离，在弧焊电源提供合适的焊接电流和电弧电压下电弧稳定地燃烧。在电弧的高温作用下，焊条和焊件局部被加热到熔化状态，焊条端部熔化后的熔滴和焊件被熔化的母材金属熔合在一起形成熔池，随着电弧的不断移动，

熔池也随着移动，熔池中的液态金属逐步冷却结晶后便形成了焊缝。

在焊条电弧焊的焊接过程中，焊条的焊芯熔化后以熔滴的形式向熔池过渡，同时焊条的外部药皮产生一定量的气体和液态熔渣，产生的气体充满在电弧和熔池的周围，隔绝空气，可以保护熔滴和熔池液态金属，同时液态的熔渣密度比熔池的液态金属密度小，熔渣浮在熔池液态金属上面也起到保护熔池的作用。并且液态熔渣凝固后成为渣壳覆盖在焊缝金属表面，可防止高温的焊缝金属被氧化，减慢焊缝的冷却速度。

在焊接过程中，液态金属与液态熔渣和气体之间进行脱氧、去硫、去磷、去氢和渗合金元素等复杂的焊接冶金反应，从而使焊缝金属获得合适的化学成分和组织。

二、焊条电弧焊的特点

焊条电弧焊的应用非常广泛，有以下特点：

（1）设备简单、成本低　焊条电弧焊使用具有下降外特性的弧焊电源及一些简单工具，设备结构简单，便于现场维护、保养和维修；设备轻，便于移动；设备使用、安装方便，操作简单；投资少，成本低。

（2）工艺灵活、适应性强　焊条电弧焊适用于碳素钢、合金钢、不锈钢、铸铁、铜及其合金、铝及其合金、镍及其合金的焊接。利用电缆可以延伸较远距离的焊接。适用于不同位置、接头形式、焊件厚度、单件产品或批量产品以及复杂结构焊接部位的焊接。对一些不规则的焊缝、不易实现机械化焊接的焊缝以及在狭窄位置等的焊接，焊条电弧焊显得工艺更灵活、适应性更强。

（3）劳动强度高、效率低　焊条电弧焊采用的焊条长度有限，不能连续焊接，所以效率低。由于采用手工操作，工人的劳动条件差，劳动强度大，焊缝的质量在一定程度上取决于焊工的操作技能水平。

三、焊条电弧焊的工具

焊条电弧焊常用的工具有焊钳、焊接电缆、面罩、清渣工具、焊条保温筒和一些辅助工具。

1. **焊钳** 焊钳是用以夹持焊条（或碳棒）并传导电流以进行焊接的工具。焊接对焊钳有如下要求：

1）焊钳必须有良好的绝缘性，不易发热。

2）焊钳的导电性能要好，与焊接电缆连接应简便可靠，接触良好。

3）焊钳应能夹紧焊条更换焊条方便，并且质量轻，便于操作，安全性高。

常用焊钳有 300A、500A 两种规格，常用型号有 G-352 和 G-382，焊钳构造如图 4-2 所示。

2. **焊接电缆** 焊接电缆的作用是传导焊接电流。焊接对焊接电缆有如下要求：

1）焊接电缆用多股细纯铜丝制成，其截面应根据焊接电流和导线长度来选。

2）焊接电缆外皮必须完整、柔软、绝缘性好，如外皮损坏应及时修好或更换。

3）焊接电缆长度一般不宜超过 20～30m，如需超过时，可以用分节导线，连接焊钳的一段用细电缆，便于操作，减轻焊工的劳动强度；电缆接头最好使用电缆接头连接器，其连接简便牢固。

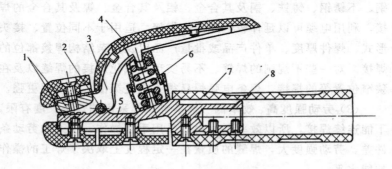

图 4-2 焊钳的构造

1—钳口 2—固定销 3—弯臂 4—弯臂罩壳
5—直柄 6—弹簧 7—手柄 8—电缆固定处

焊接电缆型号有 YHH 型电焊橡胶套电缆和 YHHR 型电焊橡胶套特软电缆，电缆的选用可参考表 4-1。

表 4-1 焊接电流、电缆长度与焊接电缆铜芯截面的关系

截面 /mm² 焊接电流/A	导线长/m 20	30	40	50	60	70	80	90	100
100	25	25	25	25	25	25	25	28	35
200	35	35	35	35	50	50	60	70	70
300	35	35	50	50	60	70	70	70	70
400	35	50	60	60	70	70	70	85	85
500	50	60	85	85	95	95	95	120	120
600	60	70	85	85	95	95	120	120	120

3. 面罩 面罩是为防止焊接时产生的飞溅、弧光及其它辐射对焊工面部及颈部损伤的一种遮蔽工具，有手持式和头盔式两种。面罩上装有用以遮蔽焊接有害光线的护目遮光镜片，其可按表 4-2 选用。为防护护目镜片不被焊接时的飞溅损坏，可在外面加上两片无色透明的防护白玻璃。有时为增加视觉效果可在护目镜后加一片焊接放大镜。

表 4-2 焊工护目镜片选用参考表

色 号	适用电流/A	尺寸 $A/mm \times B/mm \times C/mm$
7~8	≤100	$2 \times 50 \times 107$
8~10	100~300	$2 \times 50 \times 107$
10~12	≥300	$2 \times 50 \times 107$

4. 焊条保温筒 焊条保温筒能使焊条从烘箱内取出后放在保温筒内继续保温，以保持焊条药皮在使用过程中的干燥度。焊条保温筒在使用过程中，先连接在弧焊电源的输出端，在弧焊电源空载时通电加热到工作温度 150~200℃后再放入焊条，可装 5kg，并且在焊接过程中断时应接入弧焊电源的输出端，以保持焊

条保温筒的工作温度。

5. 角向磨光机　角向磨光机有电动和气动两种，电动角向磨光机转速平稳、力量大、噪声小、使用方便；气动磨光机质量轻、安全性高，但对气源要求高。所以手持电动式角向磨光机用得较多。角向磨光机用于焊接前的坡口钝边磨削、焊件表面的除锈、焊接接头的磨削、多层焊时层间缺陷的磨削及一些焊缝表面缺陷等的磨削工作。

(1) 电动角向磨光机的使用要求

1) 使用前必须做认真检查，整机外壳不得有破损，砂轮防护罩应完好牢固，电缆线和插头不得有损坏。

2) 接电源前，必须首先检查电网电压是否符合要求，并将开关置于断开位置。在停电时应关断开关，并切断电源，以防意外。

3) 使用时，打开开关，先通电运行几分钟，检查角向磨光机转动是否灵活。在磨削过程中，不要让砂轮受到撞击，应尽可能地使砂轮的旋转平面与焊件表面成15°～30°的夹角。使用过程中，如磨光机的转动部件卡住或转速急剧下降甚至突然停止转动时，应立即切断电源，送交专职人员处理。

4) 搬动角向磨光机时应手持机体或手柄，不能提拉电缆线。

5) 角向磨光机的砂轮磨损至接近电动机时应更换砂轮，更换前应切断电源，并用专用扳手更换砂轮。

(2) 角向磨光机的维护与保养

1) 经常观察电刷的磨损状况，及时更换已磨损的电刷。

2) 角向磨光机应置于干燥、清洁、无腐蚀性气体的环境中，机壳不能接触有害溶剂。

3) 保持风道畅通，定期清除机内油污和尘垢。

4) 每季度至少进行一次全面检查，并测量其绝缘电阻，其值不得小于 $7M\Omega$。梅雨季节应更加注意。

6. 敲渣锤　敲渣锤是清除焊缝焊渣的工具，焊工应随身携带。敲渣锤有尖锯形和扁铲形两种，常用的是尖锯形。清渣时焊工应戴平光镜。

7. 气动打渣工具　气动打渣工具可以减轻焊工清渣时的劳动强度，尤其采用低氢型焊条焊接开坡口的厚板接头时，手工清渣占全部工作量的一半以上，采用气动打渣工具，可以缩短 2/3 的时间，而且清渣更干净、轻便、安全。

第二节　焊条电弧焊的焊接参数

为了获得优质的焊缝接头和较高的生产效率，必须选择正确的焊接参数。所谓焊接参数即焊接时为保证焊接质量而选定的各项参数（如焊接电流、电弧电压、焊接速度、热输入等）。焊条电弧焊的焊接参数主要有焊接电源种类和极性、焊条直径、焊接电流、电弧电压、焊接速度、焊接层数，还有由焊接结构的材质、工作条件等选定的焊条型号、焊件坡口形式、焊前准备、焊后处理等。

由于焊接设备条件与焊工操作习惯等因素不同，所以焊条电弧焊的焊接参数在选用时需根据具体情况灵活应用。有些重要结构的焊接参数需通过工艺评定来确定，焊接施工时需严格按所确定的焊接参数进行，不能随意改变，以保证焊接质量。

一、电源种类和极性

焊条电弧焊采用的电源种类有交流、直流两种。一般根据焊接接头的要求和所选焊条的性质来选择电源种类和极性。采用酸性焊条焊接时通常用交流弧焊电源，但在焊薄板时也采用直流弧焊电源，因为引弧比较容易，电弧较稳定。低氢型焊条一般采用直流弧焊电源，若在药皮中含有较多稳弧剂的焊条，也可使用交流弧焊电源。

直流电源输出端有正、负极，正、负极与焊件和焊钳的接法称为极性，极性有正接和反接两种。

正接——焊件接电源输出端的正极，焊钳接负极，称为正极性。

反接——焊件接电源输出端的负极，焊钳接正极，称为反极性。

由于反接时的电弧比采用正接时稳定，所以低氢型焊条采用直流弧焊电源时用反接，以保证电弧稳定。

二、焊条直径

焊条直径可根据焊件的厚度、位置、坡口形式等进行选择。一般焊件厚度越大，所选用的焊条越粗，焊接开坡口多层焊接头的第一层时用细焊条，非平焊位置的焊接应选用细焊条。

对根部不要求完全焊透的角接、T 形接头、搭接接头和背面清根的对接焊缝，焊条直径的选用可参见表 4-3。

表 4-3　焊条直径选择表

焊件厚度/mm	≤4	4～12	≥12
焊条直径/mm	不超过焊件厚度	3.2～4.0	≥4.0

三、焊接电流

焊接电流指焊接时流经焊接回路的电流，它是焊条电弧焊的主要焊接参数。焊接电流的大小直接影响到焊接过程的稳定性和焊缝的质量及外观成形。焊接电流太大时，焊条熔化后尾部大半根焊条要发红，使药皮因升温过高某些成分提前

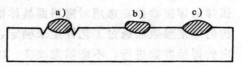

图 4-3　不同焊接电流时的焊缝成形
a) 焊接电流过大　b) 焊接电流过小
c) 焊接电流适中

发生变化而降低性能；同时部分药皮崩落，保护效果变差；此外还会导致咬边、烧穿等缺陷；焊接电流太大，焊接过程飞溅大，造成焊缝接头的热影响区晶粒粗大，焊接接头力学性能下降。焊接电流太小时，引弧困难，熔池小，电弧不稳定，会造成未焊透、未熔合、气孔和夹渣等缺陷，且生产率低。从图 4-3 中可以看出焊接电流对焊缝成形的影响。

焊接电流值首先根据焊条直径进行初步选择，参见表 4-4。然后根据焊件厚度、焊接位置、接头形式、环境温度、母材金属、电源种类、焊条类型、焊件结构等进行适当调整。一般当焊件厚度

大，采用 T 形接头或搭接接头，环境温度较低时，焊接热量散失较快，焊接电流应选上限。非平焊位置焊接时的焊接电流应比平焊焊接电流小。通常立焊焊接电流比平焊焊接电流小 10%～15%，而仰焊焊接电流比平焊焊接电流小 15%～20%，角焊缝焊接电流比平焊焊接电流稍大。焊接不锈钢时，为减小晶间腐蚀倾向，焊接电流应选下限。有些材质和结构需通过工艺试验和评定以确定适用的焊接电流范围。

表 4-4　焊接电流与焊条直径的关系

焊条直径/mm	焊接电流/A	焊条直径/mm	焊接电流/A
1.6	25～40	4.0	150～200
2.0	40～70	5.0	180～260
2.5	50～80	5.8	220～300
3.2	80～120	—	—

四、电弧电压

焊条电弧焊的电弧电压指电弧两端（两电极）之间的电压，其值取决于电弧长度，电弧长，电弧电压高，电弧短，电弧电压低。焊接时电弧过长会出现：

（1）电弧不稳定　因弧长增加时，电弧易摆动，电弧热能分散，熔滴飞溅大。

（2）保护作用差　因弧长增加时，与空气的接触面大，空气中的氧、氮等有害气体容易侵入，使焊缝易产生气孔。

焊条电弧焊是由手工操作，所以弧长不易保持稳定，电弧电压由焊工根据具体情况灵活掌握。掌握的原则是保证电弧稳定和保证焊缝有符合要求的内在质量及外观成形。一般弧长应是 1～6mm 之间，焊接时应尽量采用短弧焊接。焊接过程中，使用碱性焊条应比酸性焊条的弧长短，立焊、仰焊位置焊接时应比平焊的弧长短，以利于熔滴过渡。

五、焊接速度

焊接速度指单位时间内完成的焊缝长度，即焊接时焊条向前移动的速度。它直接影响焊缝的几何尺寸，焊接速度慢，焊成的焊缝宽而高；焊接速度快，所焊成的焊缝窄而低。焊条电弧焊的焊接速度是由手工操作控制，它与焊工的操作技能水平相关，所以在焊接过程中应根据具体情况适当调整焊接速度，以保证焊缝的质量和外观尺寸。

六、焊接层数

中厚板焊接时，需开坡口，然后进行多层焊或多层多道焊，如图 4-4 所示。

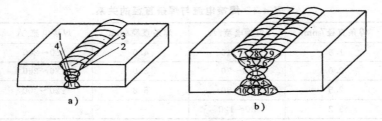

图 4-4　多层焊和多层多道焊

a）多层焊　b）多层多道焊

1、2、3…指焊道顺序号，下同

多层焊和多层多道焊时，后一层焊缝对前一层焊缝有热处理作用，能细化晶粒，提高焊缝接头的塑性。但每层焊缝厚度太大时，会使焊缝的金属组织晶粒变粗，降低焊缝的力学性能。所以焊接时可选择适当的焊层数和每一层焊缝厚度，以保证焊缝的力学性能。

七、热输入

热输入是指熔焊时由焊接能源输入给单位长度焊缝上的热能，其计算公式如下：

$$q = \frac{IU}{v}$$

式中　q——单位长度焊缝的热输入（J/mm）；

　　　I——焊接电流（A）；

　　　U——电弧电压（V）；

　　　v——焊接速度（mm/s）。

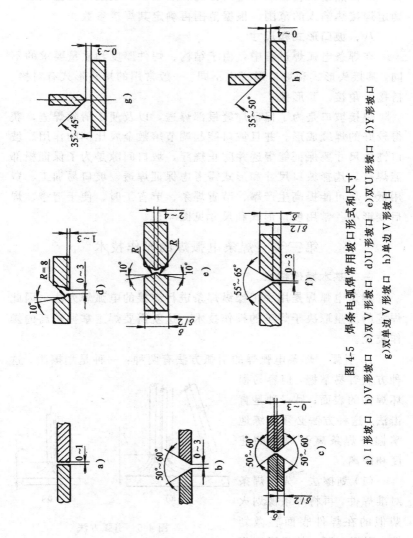

图 4-5 焊条电弧焊常用坡口形式和尺寸

a) I 形坡口 b) V 形坡口 c) 双 V 形坡口 d) U 形坡口 e) 双 U 形坡口 f) 双 Y 形坡口
g) 双单边 V 形坡口 h) 单边 V 形坡口

焊接热输入会影响焊缝的性能和质量，一般通过工艺试验来确定焊接热输入的范围，根据范围再确定其焊接参数。

八、坡口形式和尺寸

在焊条电弧焊过程中，由于结构、焊件厚度和质量要求的不同，其接头形式和坡口形式也不同。一般常用的接头形式有对接、搭接、角接、T形接。

焊接坡口是为了保证焊缝根部焊透，以及便于清除焊渣，获得较好的焊缝成形。并且坡口能起调节熔敷金属比例的作用。坡口钝边尺寸要保证能焊透并防止烧穿，坡口间隙是为了保证根部能焊透。选择坡口尺寸和形式需考虑保证焊透、坡口易加工、费用低、尽可能提高生产率、节省焊条、节省工时、便于清渣、焊后变形小。常用坡口形式和尺寸见图4-5。

第三节　焊条电弧焊的操作技术

一、基本操作技术

焊条电弧焊是用手工操纵焊条进行焊接的电弧焊方法，因此焊缝的质量取决于焊工的操作技术，这就需要焊工掌握较高的操作技能。

1. 引弧　焊条电弧焊的引弧方法有两种：一种是划擦法，这种方法容易掌握，但容易损坏焊件的表面；另一种是直击法，这种方法必须熟练地掌握好焊条离开焊件的速度和距离。

（1）划擦法　先将焊条对准焊件，再将焊条像划火柴似的在焊件表面轻微划擦，引燃电弧，然后迅速将焊条提起2～4mm，并使之稳定燃烧，如图4-6a所示。

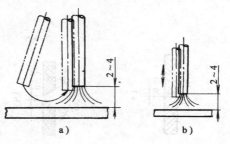

图 4-6　引弧方法

a) 划擦引弧法　b) 直击引弧法

（2）直击法　将焊条末端对准焊件，然后手腕下弯，使焊条轻微碰一下焊件，再迅速将焊条提起 2～4mm，引燃电弧后手腕放平，使电弧保持稳定燃烧。这种引弧方法不会使焊件表面划伤，又不受焊件表面大小、形状的限制，所以是在生产中主要采用的引弧方法。但操作不易掌握，需提高熟练程度，如图 4-6b 所示。

引弧时需注意如下事项：

1）引弧处应无油污、水锈，以免产生气孔和夹渣。

2）为了便于引弧，焊条末端应裸露焊芯，若不露，可用锉刀轻挫，不能用力敲击，以防药皮脱落。

3）焊条在与焊件接触后提升速度要适当，太快难以引弧，太慢焊条和焊件粘在一起造成短路，时间长会造成焊机损坏，产生这种现象时可将焊条左右扭摆几下，即可使焊条脱离焊件，否则应立即将焊钳从焊条上取下，待焊条冷却后，再用手将焊条扳下。

2. 运条　运条是整个焊接过程中最重要的环节，它直接影响焊缝的外表成形和内在质量。电弧引燃后，一般情况下焊条有三个基本运动：朝熔池方向逐渐送进；沿焊接方向逐渐移动；横向摆动。

焊条朝熔池方向逐渐送进，即是为了向熔池添加金属，也是为了在焊条熔化后继续保持一定的电弧长度，因此焊条送进的速度应与焊条熔化的速度相同。否则，会发生断弧或粘在焊件上。

焊条沿焊接方向移动，随着焊条的不断熔化，逐渐形成一条焊道。若焊条移动速度太慢，则焊道会过高、过宽、外形不整齐，焊接薄板时会发生烧穿现象；若焊条的移动速度太快，则焊条和焊件会熔化不均匀，焊道较窄，甚至发生未焊透现象。焊条移动时应与前进方向成 70°～80°的夹角，以使熔化金属和熔渣推向后方，否则熔渣流向电弧的前方，会造成夹渣等缺陷。

焊条的横向摆动，是为了对焊件输入足够的热量以便于排气、排渣等，并获得一定宽度的焊缝或焊道。焊条摆动的范围根据焊件的厚度、坡口形式、焊缝层次和焊条直径等来决定。

运条基本动作不能机械地分开，而应融合在一起。现介绍几种常用的运条方法及适用范围。

（1）直线形运条法　采用这种运条方法焊接时，焊条不做横向摆动，沿焊接方向做直线移动，如图 4-7a 所示。常用于 I 形坡口的对接平焊，多层焊的第一层焊或多层多道焊。

（2）直线往复运条法　采用这种运条方法焊接时，焊条末端沿焊缝的纵向做来回摆动，如图 4-7b 所示。它的特点是焊接速度快，焊缝窄，散热快。适用于薄板和接头间隙较大的多层焊的第一层焊。

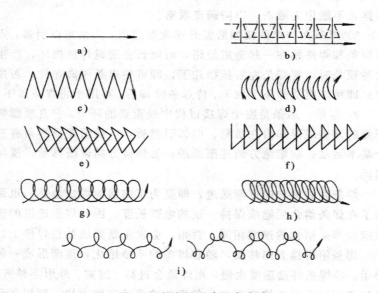

图 4-7　焊条的基本运条方法

a）直线运条　b）直线往复运条　c）锯齿形运条　d）月牙形运条
e）斜三角形运条　f）正三角形运条　g）正圆圈形运条
h）斜圆圈形运条　i）八字形运条

（3）锯齿形运条法　采用这种运条方法焊接时，焊条末端做锯齿形连续摆动及向前移动，并在两边稍停片刻，如图 4-7c 所示。摆动的目的是为了控制熔化金属的流动和得到必要的焊缝宽度，以获得较好的焊缝成形。这种运条方法在生产中应用较广，多用于厚钢板的焊接，平焊、仰焊、立焊的对接接头和立焊的角接接头。

（4）月牙形运条法　采用这种运条方法焊接时，焊条的末端沿着焊接方向做月牙形的左右摆动，如图 4-7d 所示。摆动的速度要根据焊缝的位置、接头形式、焊缝宽度和焊接电流值来决定。同时需在接头两边做片刻的停留，这是为了使焊缝边缘有足够的熔深，防止咬边。这种运条方法的优点是金属熔化良好，有较长的保温时间，气体容易析出，熔渣也易于浮到焊缝表面上来，焊缝质量较高，但焊出来的焊缝余高较高。这种运条方法的应用范围和锯齿形运条法基本相同。

（5）三角形运条法　采用这种运条方法焊接时，焊条末端做连续的三角形运动，并不断向前移动，按照摆动形式的不同，可分为斜三角形和正三角形两种，如图 4-7e、f 所示。斜三角形运条法适用于焊接平、仰位置的 T 形接头焊缝和有坡口的横焊缝，其优点是能够借焊条的摆动来控制熔化金属，促使焊缝成形良好。正三角形运条法只适用于开坡口的对接接头和 T 形接头焊缝的立焊，特点是能一次焊出较厚的焊缝断面，焊缝不易产生夹渣等缺陷，有利于提高生产效率。这两种运条方法应根据焊缝的具体情况而定，不过立焊时在三角形折角处须稍做停留，斜三角形转角部分的运条速度要慢些。

（6）圆圈形运条法　采用这种运条方法焊接时，焊条末端连续做正圆圈或斜圆圈形运动，并不断前移，如图 4-7g、h 所示。正圆圈形运条法适用于焊接较厚焊件的平焊缝，其优点是熔池存在时间长，熔池金属温度高，有利于溶解在熔池中的氧、氮等气体的析出，便于熔渣上浮。斜圆圈形运条法适用于平、仰位置 T 形接头焊缝和对接接头的横焊缝，其优点是利于控制熔化金属不受重力影响而产生下淌现象，有利于焊缝成形。

（7）八字形运条法　采用这种运条方法焊接时，焊条末端连续做八字形运动，并不断前移，如图 4-7i 所示。这种运条方法的特点是能保证焊缝边缘得到充分加热，熔化均匀，保证焊透，它适用于厚板有坡口的对接焊缝，如焊两个厚度不同的焊件时，焊条应在厚度大的一侧多停留一会，以保证加热均匀，并充分熔化，使焊缝成形良好。

运条方法应根据接头形式、坡口形式、焊接位置、焊条直径和性能、焊接工艺要求及焊工的技术水平等来确定。

3. 焊道的连接 焊条电弧焊时，由于受焊条长度限制不能用一根焊条完成一条焊缝，因而出现了焊道连接问题。焊道连接容易产生夹渣、气孔等缺陷，因此为了保证焊道连接质量，使焊道连接均匀，避免产生过高、脱节、宽窄

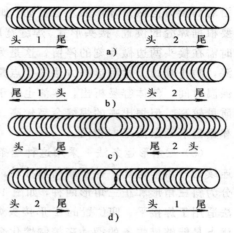

图 4-8 焊道接头的连接方式
1—先焊焊道 2—后焊焊道

不一等缺陷，要求焊工在焊道连接时选用恰当的方式，并熟练掌握。焊道连接有四种方式，如图 4-8 所示。

第一种连接方式是使用最多的一种，连接的方法是在先焊焊道前面 10mm 处引弧，弧长比正常的弧长略长，然后将电弧移到原弧坑的 2/3 处，填满弧坑后即向前进入正常焊接，如图 4-9 所示。这种连接方法必须注意电弧后移量，若电弧后移太多，则可能造成接头过高，若电弧后移太少则造成接头脱节、弧坑未填满，此种连接方法在接头时更换焊条愈快愈好，因为在熔池

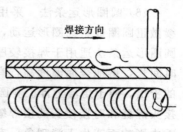

图 4-9 从先焊焊道末尾处接头的方法

尚未冷却时进行连接，不仅能保证质量，而且可使焊缝外表成形

更好。

第二种连接方法要求先焊焊道的起头处要略低些，连接时在先焊焊道的起头稍前处引弧，并稍微拉长电弧，将电弧引向先焊焊道的起头，并覆盖其端头处，等起头处焊道焊平后再向先焊焊道相反方向移动，如图 4-10 所示。

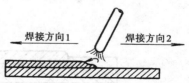

图 4-10　从先焊焊道端头处连接的方式

第三种连接方式是后焊焊道从接头的另一端引弧，焊到前焊道的结尾处，焊接速度略慢些，以填满焊道的弧坑，然后以较快的焊接速度再略向前熄弧，如图 4-11 所示。

第四种连接方式是后焊焊道结尾与先焊焊道起头相连，再利用结尾时的高温重复熔化先焊焊道的起头处，将焊道焊平后快速收尾。

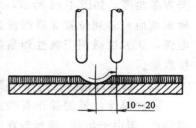

图 4-11　焊道接头的熄弧方式

4. 焊道的收尾　焊道的收尾是指一条焊缝焊完后如何填满弧坑。焊接过程中由于电弧吹力作用，熔池呈凹坑状，并且低于已凝固的焊道，若收弧时立即拉断电弧，会产生一个低凹的弧坑，过深的弧坑甚至会产生裂纹。因此收弧时不仅要熄弧，而且须填满弧坑。常用的焊道收尾方式有三种：

（1）划圈收尾法　焊条移至焊道的终点时，利用手腕的动作做圆圈运动，直到填满弧坑再拉断电弧，如图 4-12 所示。该方法适用于厚板焊接，用于薄板焊接会有烧穿危险。

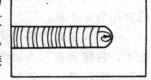

图 4-12　划圈收尾法

（2）反复断弧法　焊条移至焊道终点时，在弧坑处反复熄弧、引弧数次，直到填满弧坑为止，如图

4-13 所示。该方法适用于薄板及大电流焊接，但不适用于碱性焊条，否则会产生气孔。

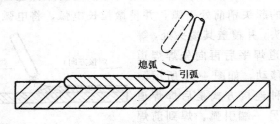

熄弧　引弧

图 4-13　反复断弧收尾法

（3）回焊收尾法　焊条移至焊道收尾处即停止，并且适当改变焊条角度，如图 4-14 所示，即焊条由位置 1 转到位置 2，等填满弧坑后再转到位置 3 后缓慢拉断电弧，该方法适用于碱性焊条的焊接收尾。

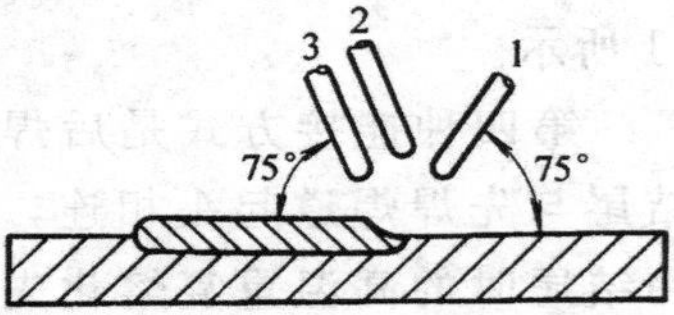

图 4-14　回焊收弧法

二、各种焊接位置的操作要点

各种焊接位置的操作有些共同的特点，但由于熔滴、熔池等在不同位置受重力的影响不同，在操作手法上也有所不同。

1．平焊的操作要点

1）焊接时熔滴金属主要靠自重自然过渡，操作技术比较容易掌握，允许用较大直径的焊条和较大的焊接电流。

2）熔渣和液态金属容易混在一起，当溶渣超前时会产生夹渣。

3）焊接单面焊双面成形的打底层时，容易产生焊瘤、未焊透或背面成形不良。

平焊焊接时为获得优质焊缝，必须熟练掌握焊条角度和运条技术，将熔池控制为始终如一的形状与大小，一般熔池形状为半圆形或椭圆形，且表面下凹，焊条移动速度不宜过慢。

2．立焊的操作要点

1）液态金属和熔渣因自重下坠，故易分离。但熔池温度过高，液态金属易下流形成焊瘤。

2)易掌握焊透情况，但表面易咬边，不易焊得平整，焊缝成形差。

根据立焊的特点，焊接时焊条角度应向下倾斜60°～80°，电弧指向熔池中心，焊接电流应较小，以控制熔池温度。

3. 横焊的操作要点

1)液态金属因自重易下坠，会造成未熔合和夹渣，宜采用较小直径的焊条，短弧焊接。

2)液态金属与熔渣易分离。

3)采用多层多道焊能比较容易防止液态金属下坠。

根据横焊的特点，在焊接时由于上坡口温度高于下坡口，所以在上坡口处不做稳弧动作，而是迅速带至下坡口根部做轻微的横拉稳弧动作。若坡口间隙小时，增大焊条倾角，反之则减小焊条倾角。

4. 仰焊的操作要点

1)液态金属因自重下坠滴落，不易控制熔池形状和大小，会造成未焊透和凹陷，宜采用较小直径的焊条和小焊接电流并采用最短的电弧焊接。

2)清渣困难，易产生层间夹渣。

3)运条困难，焊缝外观不易平整。

根据仰焊特点，应严格控制焊接电弧的弧长，使坡口两侧根部能很好熔合，并且焊波厚度不应太厚，以防止液态金属过多而下坠。坡口角度比平焊略大，焊接坡口第一层的焊条与坡口两侧成90°，与焊接方向成70°～80°，用最短的电弧做前后推拉的动作，熔池温度过高时可以使温度降低。焊接其余各层时焊条横摆并在两侧做稳弧动作。

第四节　焊条电弧焊操作实例

一、中厚板对接平焊位置的单面焊双面成形技术

单面焊双面成形是指焊工以特殊的操作方法，在坡口背面不

采用任何辅助装置的条件下进行焊接，并使背面焊缝有良好的成形。单面焊双面成形技术是焊条电弧焊中难度较大的一种操作技能。下面以焊接试板为例，说明该技术的操作要点：

1. 焊件　采用 Q235-A 普通碳素钢板，长为 300mm，宽为 125mm，厚度为 12mm，用刨床加工成 V 形坡口。然后将每块试板的坡口面及坡口边缘 20mm 以内用角向磨光机打磨干净，露出金属光泽，磨削钝边尺寸为 0～1.0mm。

2. 焊前准备　单面焊双面成形的焊前准备要求较高，否则将影响焊缝的质量。

（1）焊机　选用第二章中讲到的弧焊整流电源一台。本例选用 ZXG-400。

（2）焊条　选用 E4315 焊条，直径为 3.2mm、4.0mm 两种，焊前焊条需经 350～400℃烘干并保温 2h，使用时将焊条放入焊条保温筒内，随用随取，焊条在炉外不宜超过 4h，并且反复烘干次数不能超过三次。

（3）辅助工具　角向磨光机、焊条保温筒、錾子、敲渣锤、钢丝刷、焊缝量尺。

3. 装配定位

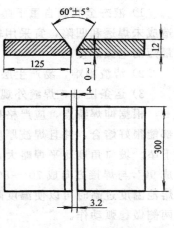

1）将两块试板装配成如图 4-15 所示的对接接头，其引弧端根部间隙为 3.2mm，收弧端为 4mm，可分别用直径为 3.2mm 和 4.0mm 的焊条芯夹在试板的两头来控制间隙，以克服在焊接过程中的横向收缩，因为横向收缩会使根部间隙减小，影响背面焊缝质量。

图 4-15　中厚板平焊位置
对接试板的装配

将装配好的试板在坡口两侧距端头 20mm 处进行定位焊，定位焊缝长度为 10～15mm。

2）试板焊接后，由于焊缝在厚度方向上的横向收缩不均匀，

两侧钢板会离开原来的位置向上翘起一个角度，这种变形称为角

变形,如图 4-16 所示。角变形的
大小用变形角 α 来度量。对于厚
度为 $12\sim16mm$ 的试板，变形
角一般控制在 3°以内，为此需
采取预防措施。常用预防措施
是采用反变形法，即焊前试板
向两侧折弯，产生一个与焊后

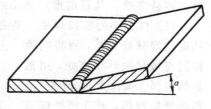

图 4-16 平板对接的角变形

变形相反方向的变形。方法是用两手拿住其中一块钢板的两端,轻
轻磕打另一块，使两板之间呈一夹角，作为反变形量。反变形角
约为 4°～5°。反变形角如无专用量具测量，可将试板放在平台上，
使试板下面中间可通过一根直径为 4.0mm 的焊条，则此时的反
变形角基本符合要求。

4. 焊接参数 （表 4-5）

表 4-5 中厚板焊条电弧焊平焊位置单面焊双面成形的焊接参数

焊接层次	焊条直径/mm	焊接电流/A
定位焊	3.2	90～120
打底层	3.2	80～110
填充层	4.0	140～170
盖面层	4.0	140～160

5. 焊接操作   单面焊双面成形的要求是在试板的打底层焊
接时背面也能焊出符合要求的焊缝，打底层的焊接目前有断弧焊
和连弧焊两种方法。断弧焊施焊时靠调节电弧的燃灭时间来控制
熔池的温度，这种方法的优点是焊接参数选择范围较宽，是目前
常用的一种打底层焊接方法。连弧焊施焊时电弧连续燃烧，采取
较小的根部间隙，较小的焊接电流，焊接电弧始终保持燃烧而且
做有规则的摆动，使熔滴均匀过渡到溶池，整条焊道处于缓慢加
热、缓慢冷却的状态。这样使焊缝和热影响区的温度分布均匀，从
而使焊缝背面的成形较好，并且易保证焊缝的力学性能和内在质

量。这种方法的优点是手法变化不大，只需保持运条的平稳和均匀，容易掌握，是目前推广使用的一种打底层焊接方法。

（1）打底层的断弧焊法　焊接从试板间隙较小的一端开始，从定位焊缝处引弧，再将电弧移到与坡口根部相接处，用稍长的电弧（弧长为 3mm 左右）预热坡口根部，并在该处摆动 2～3 个来回，然后立即压低电弧，当听到电弧穿透坡口而发出的"扑扑"声，并看到定位焊缝及坡口两侧金属开始熔化形成熔池后，立即提起焊条，熄灭电弧。此处所形成的熔池是整条焊道的起点，称为熔池座。熔池座建立后转正式焊接，焊接时采用短弧焊，焊条与焊接方向的夹角为 30°～50°，如图 4-17 所示。

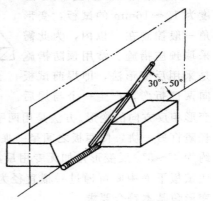

图 4-17　中厚板对接平焊位置单面焊
双面成形打底层焊接时焊条
与焊接方向夹角

正式焊接重新引燃电弧的时间应控制在金属未完全凝固，熔池中心半熔化，在护目镜看到该部分呈黄亮色状态，重新引燃电弧的位置在坡口的某一侧，并且压住熔池座金属约为 2/3 的地方，电弧引燃后立即向坡口的另一侧运条，在另一侧稍做停顿之后，迅速向斜后方提起焊条，熄灭电弧，这样便完成了第一个焊点的焊接。电弧从开始引燃以及整个加热过程，其 2/3 是用来加热坡口的正面和熔池座边缘的金属，使熔池座的前沿形成一个大于间隙的熔孔，另外 1/3 的电弧穿过熔孔加热坡口背面的金属，同时将部分熔池过渡到背面。这样贯穿坡口正背两面的熔滴就与坡口根部及熔池座金属形成一个穿透坡口的熔池。灭弧瞬间熔池金属凝固，即形成一个穿透坡口的焊点。熔孔的轮廓是由熔池边缘和坡口两侧被熔化的缺口构成。坡口根部被熔化的缺口，只有当电弧移到坡口的另一侧时才可以看到这一侧坡口的缺口，因为电弧所在的一侧熔孔被熔渣盖住，单面焊双面成形的焊道质量取决于熔孔的大小和熔孔的间距。因此每次引弧的间距和电弧燃灭的节奏要保持均匀和平稳，以保证坡口根部的熔化深度一致，平板对接平焊位置时的熔孔位置和大小如图 4-18 所示。

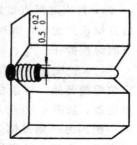

图 4-18　平板对接打底层焊接时熔孔位置和大小

一个焊点的焊接从引弧到熄弧大概只有 1~1.5s，焊接节奏较快，因此坡口根部的缺口不太明显，不仔细观察可能看不到。若节奏太慢，燃弧时间过长，则熔池温度过高，熔化缺口太大，背面会产生焊瘤，甚至会烧穿；如灭弧时间过长，则熔池温度偏低，坡口根部可能未被熔透或产生内凹现象，所以灭弧时间应控制在熔池金属还有 1/3 未凝固时就重新引弧。下一个焊点的焊接操作与上述相同，引弧位置可以在坡口的另一侧，电弧做与上一点电弧移动轨迹相对称的动作，引弧位置也可以在坡口的同一侧，重复上一个焊点电弧移动的动作。断弧法每次引弧熄弧一次，完成一个焊点的焊接，其节奏应控制在每分钟灭弧 45~55 次之间，由于每个焊点都与前一个焊点重叠 2/3 之多，所以每个焊点只使焊道前进 1~1.5mm，打底层焊道正背两面的高度应控制在 2mm 左右。

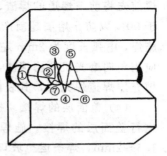

图 4-19　更换焊条的电弧操作轨迹

当焊条长度剩下约 50mm 时，需做更换焊条的准备，此时应压低电弧向熔池边缘多滴 1~3 个熔滴，使背面熔池饱满，防止形成冷缩孔，再运条到坡口一侧迅速灭弧更换焊条。并在图 4-19 所示①的位置重新引弧，引弧后将电弧移到搭接末尾焊点 2/3 处的②位置以长弧摆动两个来回，待该处金属有了"出汗"现象之后，在⑦位置压低电弧，并停留 1~2s，待末尾焊点重熔并听到"扑扑"声时迅速将电弧沿坡口侧后方拉长并熄灭，此时继续下一个焊点的焊接操作。

（2）打底层的连弧焊法 引弧从定位焊缝开始，焊条在坡口内做侧U形运条，如图 4-20 所示，电弧从坡口的一侧到另一侧做侧U形运条之后，即完成一个焊点的焊接，焊接频率为每分钟完成 50 个焊点。逐个焊点重叠 2/3，一个焊点可使焊道沿焊接方向增

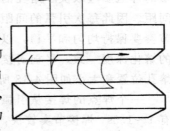

图 4-20 打底层的连弧焊法

长约 1.5mm，焊接过程中熔孔较明显，坡口根部熔化缺口为 1mm 左右，电弧穿透坡口的"扑扑"声非常清楚，接头时应先在弧坑后 10mm 处引弧，然后以正常运条速度运至熔池的 1/2 处压低电弧击穿熔池后立即提起焊条，使之在熔化熔孔前沿的同时向前运条，以弧柱的 1/3 能在试件背面燃烧为宜。收弧时应缓慢将焊条向左或右后方带一下，随后将其提起收弧，以避免产生缩孔。

（3）填充层的焊接 按表 4-5 中的焊接参数调节好设备，施焊前先将前一焊道的焊渣、飞溅等清除干净。焊条的右倾角应小于 90°，以防止熔渣超前产生夹渣，用锯齿形或月牙形运条法均匀施焊，电弧长度为 2mm 左右，并在坡口两侧停留时间稍长，层间应用角向磨光机严格清渣，焊道接头处超高也可打磨，最后一道填充层焊道焊完后，其表面应离焊件的表面 1.5mm。

（4）盖面层的焊接 按表 4-5 中焊接参数调节好设备，然后进行盖面层的焊接。施焊时电弧的 1/3 弧柱应将坡口边缘熔合 1.5~2mm，焊条运至坡口边缘应稍做停留，待液态金属饱满后，再运至另一侧，要避免焊趾处咬边。收弧时须填满弧坑。

（5）焊后检验 焊后待焊件冷却后，用錾子敲去焊缝表面的焊渣及焊缝两侧的飞溅物，用钢丝刷刷干净焊件表面。然后目测

焊缝外观质量，焊缝表面应圆滑过渡至母材金属，表面不得有裂纹、未熔合、夹渣、气孔和焊瘤等缺陷。用焊缝量尺测量焊缝外形尺寸。可做相应的无损检测和力学性能检测。

二、垂直俯位的管板件焊接操作技术

1. 插入式管板试件的焊接　插入式管板试件如图 4-21 所示。

（1）焊前准备

1）焊机　选用弧焊整流电源 ZXG-400 一台。

2）焊条　选用 E4315，直径 3.2mm，焊前焊条需经严格烘干。

3）辅助工具　角向磨光机、焊条保温筒、錾子、敲渣锤、钢丝刷、焊缝量尺。

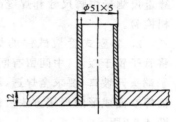

图 4-21　插入式管板试件

4）焊件　管子规格为 φ51mm×5mm，长度 100mm，材料为 20 钢；板件规格为 100mm×100mm，厚度 12mm，材料为 Q235-A。

（2）焊接参数（表 4-6）

表 4-6　垂直俯位插入式管板件的焊接参数

焊接层次	焊条直径/mm	焊接电流/A
定位焊	3.2	85～110
打底层	3.2	85～110
盖面层	3.2	100～125

（3）焊接操作　用角向磨光机把试件待焊处 20mm 以内打磨干净，将管子插入钢板中，放在平台上进行定位焊一处，定位焊缝长 5～10mm，然后在定位焊缝的对面引弧焊打底层，焊条采用直线运条法向前移动，焊条与平板夹角约为 40°～45°，焊条与焊接方向，即管子的圆周切线成 60°～70°夹角，焊完打底层后用敲渣锤清除焊缝表面的焊渣，再用钢丝刷清扫焊缝表面，用角向磨光机

磨去焊缝接头的凸起部分。焊盖面层时焊条与平板的夹角为 50°～60°，与焊接方向的夹角为 60°，焊条做月牙形摆动，运条时，斜向上焊速度要稍快，斜向下焊速度稍慢。

（4）焊后检验　焊完后用敲渣锤清除焊缝表面的焊渣，用钢丝刷刷干净焊缝表面。然后目测焊缝表面，应圆滑过渡到母材金属。焊缝表面不得有裂纹、咬边、气孔、未熔合、夹渣等。用焊缝量尺测量焊脚尺寸和焊缝凸凹度。然后做相应的无损探伤和金相检验。

2. 骑座式管板试件的焊接

将管子置于板上，中间留有间隙，管子端头开坡口，要求全焊透，属于单面焊双面成形的焊接方法。试件如图 4-22 所示。

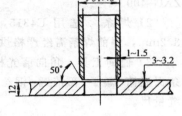

图 4-22　骑座式管板试件

（1）焊前准备

1）焊机　选用弧焊整流电源 ZXG-400 一台。

2）焊条　选用 E4315，直径 3.2mm，焊前焊条需经严格烘干。

3）辅助工具　角向磨光机、焊条保温筒、錾子、敲渣锤、钢丝刷、焊缝量尺。

4）焊件　管子规格为 $\phi51mm\times3mm$，长度 100mm，材料为 20 钢；板件规格为 100mm×100mm，厚度为 12mm，材料为 Q235-A。

（2）焊接参数（表 4-7）

表 4-7　垂直俯位骑座式管板件的焊接参数

焊接层次	焊条直径/mm	焊接电流/A
定位焊	3.2	85～110
打底层	3.2	85～110
盖面层	3.2	100～125

（3）试件装配　用角向磨光机将坡口附近 20mm 以内打磨干净，并将管子端部磨出 1～1.5mm 的钝边，管子与平板间预留 3～3.2mm 的根部间隙，可直接用直径为 3.2mm 的焊芯或焊丝填在中间，定位焊一处，先在间隙的下部钢板上用直击法引弧后迅速将焊条向斜上方拉起，将电弧引至管端使管端的钝边局部熔化，等焊条熔化产生 3～4 滴熔滴后迅速灭弧，即完成定位焊。

（4）焊接操作　焊接分为打底层和盖面层的焊接，焊接打底层时，先在定位焊缝上引弧，然后移到间隙的下部平板上进行打底，焊条与平板成 15°～25°夹角，将焊条向里伸，当听到"扑扑"声即表示已熔穿，在焊条根部可看到一个明亮的熔池，随即灭弧。采用断弧法操作注意每个焊点不要太厚，以便后一个焊点在其上引弧。当焊条只剩下 50mm 左右时需更换焊条，在更换前收尾时，应将弧坑引向外侧后再熄弧，否则在弧坑处会产生冷缩孔。用角向磨光机磨削弧坑，换上焊条在弧坑处引弧继续焊接，当焊到管子周长的 1/3 左右时，可将间隙中的填充物拿去，继续焊接。

打底层焊完后用敲渣锤除去焊缝表面的焊渣，用角向磨光机磨平接头，进行盖面层的焊接，用直击法引弧，焊条与平板夹角为 40°～45°，运条与插入式管板试件的方法相同。

（5）焊后检验　焊后用敲渣锤清除焊缝表面的焊渣，再用钢丝刷清理焊缝表面，目测焊缝表面，焊缝两侧应圆滑过渡到母材金属表面，焊缝表面不允许有裂纹、咬边、未熔合、未焊透、夹渣、气孔、焊瘤等缺陷。并选择一直径为管子内径 85％的球，做通球检查，同时做相关的金相检查。

三、大直径管对接水平转动的单面焊双面成形操作技术

大直径管对接水平转动的焊前准备工作与前相同，采用 U 形坡口的大直径管。试件坡口如图 4-23 所示。

1. 焊前准备

1）焊机　选用弧焊整流电源 ZXG-400 一台和焊接变位器一台。

2）焊条　选用 E4315，直径 3.2mm 和 4.0mm，焊前焊条需

92

经严格烘干。

3）辅助工具　角向磨光机、焊条保温筒、錾子、敲渣锤、钢丝刷、焊缝量尺。

4）焊件　管子规格为 φ159mm
×12mm，长度为 100mm，材料为
20 钢，数量两件。

2. 装配定位焊　将管子坡口
附近 20mm 以内打磨干净；在时
钟 12 点位置预留根部间隙
3.2mm，时钟 6 点位置为 2.5mm，
错边量小于 1.2mm；在圆周方向
均匀布置三处定位焊缝，定位焊
缝长度为 15mm 左右，起焊处要

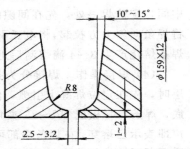

图 4-23　大直径管水平转动焊
试件的坡口形式

有足够的温度，以防止粘合，收尾时弧坑要填满。定位焊缝的两头用錾子、角向磨光机打磨出缓坡。

3. 焊接参数（表 4-8）

表 4-8　大直径管子水平转动焊的焊接参数

焊接层次	焊条直径/mm	焊接电流/A
定位焊	3.2	80～110
打底层	3.2	80～110
填充层	4.0	130～160
盖面层	4.0	140～160

4. 打底层的焊接　打底层的焊接是单面焊双面成形操作，将装配好的焊件装夹在焊接变位器上。按表 4-8 调节好设备参数。采用断弧法，在 1 点半钟位置起弧，按引弧、灭弧每分钟 35 次的频率进行上坡焊，焊条与试件的夹角如图 4-24 所示。焊条伸进坡口内让弧柱透过内壁约 1/3 左右，熔化坡口根部边缘的两侧，使熔孔比间隙每边多 0.5mm 为宜。更换焊条进行接头时，可采用热接法或冷接法，热接法更换焊条时要迅速，在熔池尚未冷却呈红热

状态时，在熔孔前方约 10mm 处引弧，引弧后退至弧坑处，焊条稍做横向摆动，待弧坑填满焊至熔孔时，将焊条压低，并稍做停顿，当听到击穿声形成新熔孔时，焊条再进行横向摆动后正常焊接。采用冷接法时，先将接头处打磨成缓坡，然后按热接法的引弧位置、操作方法进行焊接。

图 4-24　大直径管水平转动焊的焊条角度示意图

　　在焊接过程中，经定位焊缝时，只需将电弧稍向坡口内压，以较快的速度通过定位焊缝，过渡到坡口处进行施焊。

　　5. 填充层的焊接　焊接填充层时，采用连弧焊法进行焊接，施焊前应将打底层的焊渣、飞溅清理干净，并将焊缝接头处的焊瘤等磨平，施焊时要注意使坡口两侧熔合良好，焊条角度与打底焊相同，运条方法以锯齿形为宜，摆动宽度比打底层稍宽，电弧要短，在坡口两侧稍做停顿稳弧，注意焊接时不要破坏坡口的棱边，填充层的厚度比坡口边缘稍低 1~1.5mm，以便盖面层的焊接。

　　6. 盖面层的焊接　焊接盖面层时，焊条角度和运条方法与填充层相同，但焊条水平横向摆动的幅度比填充层宽，当摆至坡口两侧时电弧应进一步缩短，并要稍做停顿，以免咬边，电弧从一侧摆至另一侧时应稍快，避免熔池金属下坠而产生焊瘤。

　　7. 焊后检验　焊后检验与平板对接单面焊双面成形相同。

四、中厚板对接横焊位置单面焊双面成形操作技术

　　1. 焊前准备　中厚板对接横焊试件采用与平焊试件相同的材料、坡口形式和焊前准备。采用直径为 3.2mm 的 E4315 焊条。

　　2. 装配　用角向磨光机将坡口及附近 20mm 以内打磨干净，打磨钝边为零。装配时起始端根部间隙留 2.5mm，收弧端留 3mm，错边小于 1.2mm。定位焊装配后，留反变形量 4°~7°。

　　3. 焊接参数（表 4-9）

　　4. 焊接操作　打底层的焊接电流为 85~110A，焊条与焊缝中心线的夹角为 85°~90°。在定位焊缝上引弧，然后迅速将电弧压低，保持短弧，并在坡口两侧用锯齿形法运条，更换焊条速度要快，尽量在红热状态下引弧，收尾时应将熔池填满并回拉 10mm 熄弧。打底层焊完后，用敲渣锤清除焊缝表面的焊渣。

表 4-9　中厚板对接横焊位置单面焊双面成形的焊接参数

焊接层次	焊条直径/mm	焊接电流/A
定位焊	3.2	80～110
打底层	3.2	85～110
填充层	3.2	90～130
盖面层	3.2	100～120

5. 填充层的焊接　焊接时采用多层多道焊，可用直线形或小圆圈形法运条，根据焊道的具体情况，焊条与钢板的夹角调节如图 4-25 所示。始终保持短弧焊，并注意层间清渣。焊接上下焊道时，要注意坡口上下两侧与打底焊道间夹角处的熔合情况，以防止产生未焊透与夹渣等缺陷，并使上焊道覆盖下焊道 1/2 ～1/3 为宜，以防焊层过高而形成沟槽。

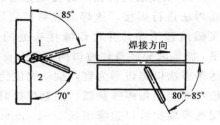

图 4-25　横焊时焊接填充层的焊条角度

6. 盖面层的焊接　焊接时焊条角度如图 4-26 所示。盖面层采用圆圈形法运条，施焊时焊条压住坡口边缘，防止产生咬边。

7. 焊后检验　焊后检验与中厚板对接平焊位置的相同。

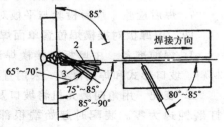

图 4-26　横焊时焊接盖面层的焊条角度

五、中厚板对接平焊位置 V 形坡口的双面焊操作技术

中厚板 V 形坡口的平焊试件尺寸如图 4-27 所示。

1. 焊前准备

1）焊机　选用弧焊整流电源 ZXG-400 一台和碳弧气刨设备一套。

2）焊条　选用 E4315，直径 3.2mm 和 4.0mm，焊前焊条需经严格烘干。

3）辅助工具　角向磨光机、焊条保温筒、錾子、敲渣锤、钢丝刷、焊缝量尺。

4）焊件　如图 4-27 所示钢板数量两件，材料为 Q235-A。

2. 装配　用角向磨光机将坡口附近 20mm 以内打磨干净，根部间隙为零，定位焊均布三处，反变形量为 5°～7°。用清渣工具清除定位焊缝表面的焊渣。

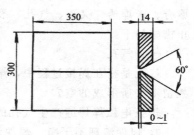

图 4-27　中厚板 V 形坡口对接试件

3. 焊接参数（表 4-10）

表 4-10　中厚板对接平焊位置双面焊的焊接参数

焊接层次	焊条直径/mm	焊接电流/A
定位焊	3.2	85～110
正面封底层	3.2	85～110
正面填充层	4.0	140～170
正面盖面层	4.0	140～170
背面刨槽	φ6 碳棒	300～350
背面盖面层	4.0	100～125

4. 正面焊接操作　焊接采用多层多道焊，第一层采用直线形或直线往复形运条法焊接，焊完后用清渣工具清理焊缝表面，然后进行其余各层的焊接。焊接采用大直径焊条，短弧焊接。各层焊道不要太厚，各层之间焊接方向应相反，层间清理要干净。

5. 背面焊接操作　试件背面用碳弧气刨挑除焊根，再用钢丝刷清理刨槽内的焊渣，然后用月牙形运条法焊接。

6. 焊接检验　焊后清理和检验与平板单面焊要求相同。

第五节　焊条电弧焊常见缺陷的
产生原因及防止措施

焊条电弧焊过程中常见的缺陷有焊缝表面成形不良、咬边、未熔合、未焊透、夹渣、气孔、裂纹和烧穿等。其产生的原因和防止措施如下：

一、气孔

气孔是指在焊接过程中，熔池中的气泡在凝固时未能逸出而残留下来所形成的空穴。

焊条电弧焊焊缝产生气孔的主要原因及措施如下：

1. 焊件清理不干净　焊件坡口及其待焊区域的铁锈、油污或其它污物若清理不干净，在焊接时会产生大量的气体，而使焊缝产生气孔。所以焊接时必须严格清理焊件坡口及其待焊区域的金属表面。

2. 焊条受潮　焊条药皮中的水分在焊接过程中会导致气孔的产生。因此焊条必须正确地保管和储存，焊接前必须严格烘干。

3. 电弧磁偏吹　焊接时经常发生电弧磁偏吹现象，当磁偏吹严重时会产生气孔。造成磁偏吹的因素很多，如焊件上焊接电缆的位置。在同一条焊缝上磁偏吹的方向也不同，尤其在焊缝端部磁偏吹影响较大。为此，焊接电缆的连接位置应尽可能远离焊缝终端，避免部分焊接电缆在焊件上产生二次磁场，并尽量不采用偏心的焊条。

4. 焊接参数不合理　焊接电流太小、焊接速度过快、电弧长度太长等会造成熔池保护不良而产生气孔。

二、裂纹

焊条电弧焊产生的裂纹主要有热裂纹和冷裂纹。

1. 热裂纹　热裂纹是指在焊接过程中，焊缝和热影响区金属冷却到固相线附近的高温区产生的焊接裂纹。这是因为焊接过程中熔池金属中的硫、磷等杂质在结晶过程中形成低熔点共晶，随着结晶过程的进行，它们逐渐被排挤在晶界，形成了"液态薄膜"，而在焊缝凝固过程中由于收缩作用，焊缝金属受拉应力，"液态薄膜"不能承受拉应力而产生裂纹。热裂纹可通过合理地选配焊接材料，控制母材金属的S、P等杂质含量来预防。

2. 冷裂纹　冷裂纹是指焊接接头冷却至较低温度下产生的焊接裂纹。这是因为在焊接一些厚度较大、焊接接头冷却较快和母材金属的淬硬倾向较大的焊件时，会在焊缝中产生硬脆组织，同时焊接时溶解于焊缝金属中的氢，因冷却过程中溶解度下降，向热影响区扩散，当热影响区的某些区域氢浓度很高而温度继续下降时，一些氢原子开始结合成氢分子，在金属内部造成很大的局部应力，在接头拘束应力作用下产生裂纹。它可能在焊后立即出现，也可能在焊后几小时、几天、甚至更长时间才出现，因此又称为延迟裂纹。针对这种情况可以采取以下措施：

1）减少氢的来源，可采用碱性焊条，焊条注意保管防潮，使用前严格烘干。对焊件及焊件待焊区域的油污、水锈等焊前严格清理。

2）合理地选用焊接参数，以降低钢材的淬硬程度，并有利于焊缝金属中氢的逸出和改善应力状态。

3）采用消氢处理或焊后热处理。焊后消氢处理有利于焊缝中溶解的氢顺利逸出。而焊后热处理可以消除焊接残余应力和有利于焊缝中溶解氢的逸出，并能改善焊缝组织。

4）改善结构设计，降低焊接接头的拘束应力。在设计时应尽可能消除应力集中的因素，并且可以采用焊前预热和焊后缓冷的措施。

三、夹渣

夹渣是指焊后残留在焊缝中的焊渣。这是因为焊条电弧焊时由于焊件的装配情况和焊接参数不当等情况，如坡口角度太小、焊接电流太小、多层多道焊时清渣不干净以及焊接时运条不当会在焊缝中产生夹渣，因此需合理地选择焊接参数，并在焊接过程中层间应严格清渣，焊接时不要将电弧压得过低，当熔渣大量盖在熔化金属上而分不清液态金属和熔渣时，应适当将电弧拉长，并向熔渣方向挑动，利用增加的电弧热量和吹力使熔渣能顺利地吹到旁边或淌到下方。同时焊接过程中要始终保持熔池清晰，要将液态金属与熔渣分清。在多层焊时当前道焊缝在熔化时有黑块或黑点出现时，表明前道焊缝存在夹渣，此时应将电弧拉长并在该处扩大和加深熔化范围，直至熔渣全部浮出，形成清亮的熔池。

四、未焊透

未焊透是指焊接时接头根部未完全熔透的现象。这是因为在焊接过程中由于焊接参数选择不当，如焊接电流过小，以及坡口不合适或操作技术不良，会在焊缝根部未将母材金属熔化或未填满而引起未焊透。在多层焊时电弧未将各层熔化将造成层间未焊透。因此须选择合理的焊接参数，坡口加工和装配质量应满足工艺要求，并熟练地掌握操作技能。

五、未熔合

未熔合主要是指焊道与母材金属之间或焊道之间未完全熔化结合的现象。主要原因是焊接电流太小、焊接速度太快、焊条偏心或运条方法不当、焊接热输入不够及焊件表面或前一焊道表面有氧化皮或焊渣存在而产生。防止措施为：合理地选择焊接参数，加强坡口清理和层间清渣，注意运条角度和焊条摆动速度，正确调整电弧的方向。

六、咬边

在焊接过程中由于焊接参数选择不当或操作方法不正确，沿焊趾的焊件母材部位产生的沟槽或凹陷称为咬边。咬边会产生很大的应力集中，容易引起裂纹。防止咬边的措施为：应合理地选择焊接参数，使焊接电流略小，适当掌握电弧长度，正确地运条和控制焊接速度，焊条角度要正确，在平焊、立焊、仰焊位置焊接时，焊条沿焊缝中心保持均匀对称摆动，横焊时，焊条角度应保持熔滴平稳地向熔池过渡。

七、焊缝表面成形不良

焊接速度不均匀，焊接电流太小，操作方法不当，坡口及装配质量、焊条质量差，以及电弧磁偏吹等情况，会造成焊缝表面宽度不均匀和余高太高或过低等缺陷。防止措施为：要熟练地掌握操作技能，合理地选择焊接参数，保证坡口及焊件装配质量。

八、烧穿

由于焊接电流太大和焊接顺序不合理以及根部间隙太大、焊接速度太慢、钝边太小或焊接电弧在某处停留时间过长等，会产生烧穿现象。因此须合理地选择焊接电流和焊接速度，缩小根部间隙，提高操作技能。

九、焊瘤

在焊接过程中，由于焊工操作技术不熟练和运条方法不当，电弧拉得太长，焊接速度太慢等造成的。防止措施为：提高操作技能，尽量采用短弧焊接，适当增加焊接速度，选择合适的焊接电流，保持正确的焊条角度等。

复 习 思 考 题

1. 焊条电弧焊有什么特点？

2. 如何选用焊接电缆？如何使用焊条保温筒？

3. 如何选择焊接电源种类？

4. 试述主要焊接参数对焊接过程的影响。

5. 什么是焊接热输入？其计算公式是什么？

6. 焊条电弧焊的引弧方法有几种？如何正确操作？

7. 引弧时焊条与焊件粘在一起，对焊机是否有影响？如何处理？

8. 常用的运条方法有几种？

9. 平焊、横焊、立焊和仰焊各有什么特点？

10. 弧坑是如何产生的？有什么方法可以防止？

11. 试述焊条电弧焊过程中气孔产生的原因及防止措施。

12. 焊接面罩有什么作用？

13. 电动角向磨光机使用时有什么要求？

14. 电动角向磨光机出现故障时如何处理？平时如何维护与保养？

15. 气动清渣工具有什么优点？使用时需注意什么？

16. 焊条电弧焊时坡口起什么作用？

17. 焊条电弧焊时，焊道如何连接？

18. 平板对接单面焊双面成形打底层常用的焊接方式有几种？各有什么特点？

19. 平板对接的角变形是什么？由什么原因造成？

20. 如何预防平板焊接时的角变形？

21. 平板对接单面焊双面成形的焊件在装配时为什么根部要留间隙？

22. 焊条电弧焊时焊接电流太大有什么危害？

23. 焊条电弧焊时焊条的药皮有什么作用？

24. 清渣工作中应注意什么？

25. 为保证焊件表面质量在操作时应如何引弧？

26. 为提高焊缝表面成形质量焊工平时应做什么工作？

27. 焊条电弧焊对焊钳有什么要求？

28. 焊条电弧焊时电弧弧长应为多少？

29. 在多层焊或多层多道焊时单道焊缝太厚有什么危害？

30. 焊条电弧焊时如何选择焊条直径？

31. 为什么焊条电弧焊能得到广泛应用？

32. 试述焊条电弧焊常见缺陷产生的原因和防止措施。

第五章 埋 弧 焊

培训要求 掌握埋弧焊的工艺及操作技能,熟悉设备构造,了解埋弧焊焊接原理。

第一节 概 述

埋弧焊是电弧在焊剂层下燃烧进行焊接的方法。埋弧焊在焊接过程中电弧被焊剂覆盖,用机械装置自动控制送丝和电弧移动。

一、埋弧焊的过程

埋弧焊的过程如图 5-1 所示,焊丝由送丝机构送进,经导电嘴后焊丝末端与焊件轻微接触,焊剂由漏斗口流出,均匀地堆敷在待焊处,引弧后,电弧使周围的焊剂熔化,其中一部分达到沸点,并蒸发形成高温气体,这部分蒸气将电弧周围熔化的焊剂排开,形成一个弧腔,使电弧与外界空气隔绝,电弧在此空腔内燃烧,焊丝便不断熔化

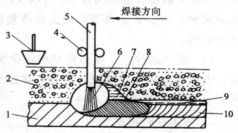

图 5-1 埋弧焊的过程

1—焊件 2—焊剂 3—焊剂漏斗 4—送丝轮
5—焊丝 6—电弧 7—熔渣 8—焊接熔池
9—渣壳 10—焊缝

过渡到熔池。同时密度较小的熔渣浮在熔池表面上,使液态金属与外界空气隔绝,随着电弧的向前移动,液态金属随之冷却凝固而形成焊缝,浮在表面的液态熔渣也随之冷却形成渣壳。熔渣除了对熔池起机械保护作用外,焊接过程中还与熔化金属发生冶金反应,从而影响焊缝的化学成分和性能。

二、埋弧焊的特点

1. 埋弧焊的优点

(1) 生产率高　埋弧焊时焊丝从导电嘴中伸出的长度较短，可以使用较大的电流，相应的电流密度也较大，加上焊剂和熔渣的隔热作用，热效率较高，使熔深较大，对于中厚板开 I 形坡口也能焊透，或者焊件坡口尺寸可以较小，减少了填充金属量，因此，埋弧焊的焊接速度可以很快，生产率较高。

(2) 焊缝质量好　埋弧焊时采用渣保护，这样不仅能隔绝外界空气，而且减慢了熔池金属的冷却速度，使液体金属与熔化的焊剂间有较多的时间进行冶金反应，减少了产生气孔、裂纹等缺陷的可能性。焊剂还能与焊缝进行冶金反应和过渡一些合金元素，从而提高了焊缝的质量。同时，埋弧焊时由于采用自动调节和控制技术，使焊接过程非常稳定，焊缝外观质量美观。

(3) 节省焊接材料和电能　埋弧焊由于焊接热输入较大，焊接可以开 I 形坡口或小角度坡口，减少了填充金属量，并且有焊剂和渣保护，减少了金属飞溅损失和热量损失，从而节省了焊接材料和电能。

(4) 劳动条件好　埋弧焊是机械化操作，所以劳动强度低，并且，电弧在焊剂层下燃烧，有害气体逸出较少，同时没有弧光辐射，对焊工身体损伤较小。

2. 埋弧焊的缺点

1) 由于埋弧焊电弧被焊剂所覆盖，在焊接过程中不易观察，所以不利于及时调整。

2) 由于埋弧焊是依靠颗粒状焊剂堆积形成保护条件，所以主要适用于平焊位置，在其它位置焊接需采取特殊措施。

3) 由于埋弧焊焊剂的主要成分是 MnO、SiO_2 等金属及非金属氧化物，因此难以用来焊接铝、钛等氧化性强的金属及其合金。

4) 因为机动性差，焊接设备比较复杂，故不适用于短焊缝的焊接，同时对一些不规则的焊缝焊接难度较大。

5) 埋弧焊当焊接电流小于 100A 时电弧稳定性差，因而不适用于焊接厚度小于 1mm 的薄板。

第二节　埋弧焊设备

一、焊接电弧自动调节原理

埋弧焊时为了获得优质的焊接质量，不仅需要正确地选择焊接参数，而且需要保证所选定的焊接参数在整个焊接过程中保持稳定不变，但是在焊接过程中，埋弧焊将会受到外界各种因素的干扰。

外界的干扰主要有两个方面：一是由于焊件表面起伏不平、焊件坡口的不规则、装配尺寸的误差、焊道上的定位焊缝，使弧长在焊接过程中要经常发生变化，从而导致焊接参数，如电弧电压和焊接电流的变化；二是网路电压的变化，在焊接过程中，由于电网电压波动是工业生产中经常发生的，当网路电压变化时，焊接电源的外特性也随之发生相应的变化，因此焊接参数也发生变化。

在焊接过程中，当外界干扰使焊接参数发生变化时，必须有自动调节系统来消除或减弱外界干扰的影响，目前埋弧焊设备采用的方法：一是利用电弧本身就具有的自身调节特性；二是采用一个外来的自动调节系统，强迫弧长进行改变。

1. 焊接电弧的自身调节特性　埋弧焊采用等速送丝时，当弧长发生变化而引起焊接参数发生变化时，电弧自身会产生一种调节作用使改变的弧长自动地回到原来的大小，这种特性称为焊接电弧的自身调节特性。

对于一定焊接电源的外特性曲线，在无外界干扰和在一定的焊接条件下，必定有一个相应的电弧稳定燃烧点，在该点上的焊丝熔化速度等于焊丝的送丝速度，此时弧长不变，焊接过程稳定。如图5-2所示，假设原先电弧在O_0点燃烧（弧长为L_0，电弧电压为U_0，焊接电流

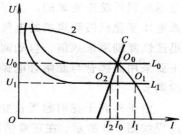

图 5-2　电弧的自身调节过程图

为 I_0），O_0 点是电弧静特性曲线 L_0、电源外特性曲线 2 和电弧自身系统静曲线 C 三者的交点，电弧在 O_0 点燃烧，焊丝的熔化速度等于焊丝的送丝速度，焊接过程稳定。如果受到外界干扰，弧长 L_0 缩短为 L_1，这时电弧的静特性曲线由 L_0 变至 L_1，它与电源外特性曲线 2 交于 O_1 点，电弧开始在此点燃烧，但 O_1 点位于曲线 C 的右边，因而焊丝熔化速度大于送丝速度，于是弧长逐渐增加，直到增至原先弧长 L_0 时，工作点又回到位于曲线 C 上的 O_0 点，焊接过程恢复稳定。反之，当外界干扰使弧长突然增加时，同样也能使电弧恢复至原工作点。

为了提高焊缝质量，希望电弧自身调节过程的作用强烈，即弧长恢复时间越短越好，因为在该过程中焊接参数值是不稳定的，恢复时间决定于焊丝熔化速度的变化，而焊丝熔化速度的变化取决于所选定的焊接电流值，即对于一定直径的焊丝，有一个对应的焊接电流临界值，大于此焊接电流值时，电弧的自身调节作用会增强。但是焊接过程中使用过大的焊接电流会使焊缝成形恶化和产生缺陷，所以为了加强电弧自身调节作用，采用细直径的焊丝。

另外从图 5-2 中看出，在弧长变化时，电源外特性曲线越陡，引起的电流变化量就越小，则弧长恢复的时间就越长，电弧的自身调节作用也越弱，所以等速送丝的焊机要求选用具有缓降或平直外特性的弧焊电源。

2. 电弧电压自动调节系统　电弧电压自动调节是通过电弧电压反馈系统来完成的，当焊接过程中弧长波动时，所引起的电弧电压变化反馈到焊机的电气系统，促使送丝速度改变，使弧长迅速恢复到原来数值。自动调节系统的方法很多，目前国产设备主要采用晶体管与晶闸管电弧电压反馈系统来实现电弧电压的自动调节。

由于外界干扰引起弧长变化时，自动调节式焊机的自动调节过程如图 5-3 所示。在正常情况下，电弧在 O_0 点稳定燃烧，此时焊丝熔化速度等于送丝速度，当外界干扰时，弧长由 L_0 变至 L_1

时，电弧静特性曲线由 3 变至 4，电弧电压由原来的 U_0 减至 U_1，此时送丝速度由原来的 v_{f0} 剧烈地减至 v_{f1}，另外由于电弧燃烧点由 O_0 点变至 O_1 点，使焊接电流由 I_0 增至 I_1，与其相应的焊丝熔化速度由 v_{m0} 增至 v_{m1}，这两方面的结果使焊丝送进速度与焊丝熔化速度有一定的差值，于是焊接电弧迅速增长，在弧长增加的过程中，电弧电压升高，送丝速度也随之加快，焊丝熔化速度因焊

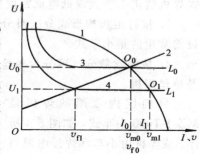

图 5-3　电弧自动调节式的调节过程
v_m—焊丝熔化速度　v_f—送丝速度

接电流的降低而减慢，直至工作点由 O_1 点回到 O_0 点时，电弧电压恢复原数值，送丝速度与焊丝熔化速度相等，焊接过程恢复稳定。可以看出，在电弧调节过程中，电弧自身调节也起作用，但是电弧的自动调节作用比较强烈，在弧长改变时，主要靠自动调节作用，即改变送丝速度进行，因此其调节性能取决于电弧电压反馈系统。

二、埋弧焊电源

当埋弧焊采用粗丝时，电弧具有水平静特性的曲线，电源应具有下降特性；当采用细丝焊接时，电弧具有上升的静特性曲线，电源也相应采用平特性。埋弧焊电源可以用交流或直流，需根据具体情况进行选用。采用直流弧焊电源反接时，焊接过程稳定性较高，焊接时熔深较大。而采用交流电源时，熔深较小，但电弧的磁偏吹较小。

三、埋弧焊机

埋弧焊机可以按照下述方法进行分类：

1. 按用途分　可分为通用和专用焊机。通用焊机广泛地用于各种结构的对接、角接、环缝和纵缝等的焊接；专用焊机用于焊接某些特定的焊接结构，如埋弧焊角焊机、T 形梁焊机和埋弧焊堆焊机等。

2. **按电弧自动调节方式分** 可分为等速送丝和均匀调节式焊机。等速送丝焊机适用于细丝或高电流密度的情况；均匀调节式焊机适用于粗丝或低电流密度的情况。

3. **按行走机构形式分** 可分为小车式、门架式、伸缩臂式等，目前常用的是小车式。

4. **按焊丝数分** 可分为单丝、双丝和多丝焊机，目前常用的是单丝焊机。

目前国内常用的焊机是 MZ-1-1000 小车式，如图 5-4 所示。该焊机由小车和焊接电源两部分组成，焊接电源选用 ZXG-1000R 具有下降特性的弧焊整流器，小车由行走机构、支架、送丝机构、焊丝矫直机构、导电部分、控制盒、焊丝盘和焊剂斗组成。

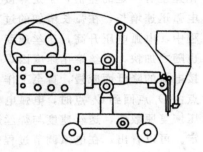

图 5-4　MZ-1-1000 型埋弧焊机

送丝机构由一个直流他励电机经减速箱与送丝轮组成，将焊丝从焊丝盘内拉出，送至导电部分进入电弧区。送丝速度可以根据焊接参数要求在控制盒上旋动"焊接电压"电位器进行调节。矫直机构在送丝机构下端，由两个矫直轮、进给轮和导电部分组成，对送进的焊丝进行矫直和导电。控制盒内装有全部控制电路，控制盒面板上装有控制开关，焊接电流和电压指示表，送丝速度和小车行走速度的调节旋钮，启动、停止、紧急停车、焊丝上下点动按钮、极性转换开关、行走方向转换开关、行走调试开关。焊接电流遥控调节器放在控制盒上方。小车拖动电机通过减速箱及传动离合器进行行走。焊丝盘与焊剂斗分别装于小车支架两头，焊剂斗下端联有软管将焊剂送到焊接区域，进行焊接。

小车的机头可以根据需要进行调节，机头可左右旋转 90°，向后倾斜最大为 45°，侧面倾斜 45°，垂直方向位移 85mm，横向位移 30mm。该焊机的电气控制原理如图 5-5 所示。

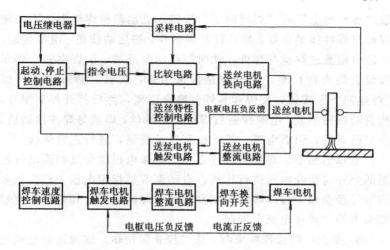

图 5-5　MZ-1-1000 型埋弧焊机控制电路方框图

四、埋弧焊机的使用与维护

1. **焊前准备**　参照图 5-6 接好各种电缆线,并按需要的极性接线。将控制盒上的电源开关拨到"通"位置,然后将"焊车调试"开关拨到"调试"位置,并调节"焊接速度"电位器使焊车行走速度为焊接参数规定的数值,调好后再拨到"焊接"位置。

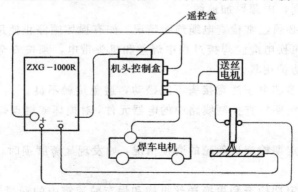

图 5-6　MZ-1-1000 型埋弧焊机焊接接线图

2. **起弧与焊接**　起弧有两种方式,一种是短路反抽式:首先

108

按"焊丝向上"或"焊丝向下"按钮，点动调整焊丝上、下，使焊丝与焊件接触良好，然后打开焊剂斗，按启动按钮，电源接通，短路电流流过焊丝与焊件，此时焊丝向上反抽，引燃电弧，焊车按设置的方向行走。另一种是慢速引弧：先按"焊丝向上"或"焊丝向下"按钮，使焊丝与焊件略有距离，然后打开焊剂漏斗，按启动按钮不放，电源接通后焊机慢速送丝，焊丝与焊件接触后，小车已运行，引燃电弧，然后松开启动按钮，进行正常焊接。

电弧引燃后，焊丝与焊件之间的电弧电压就会反馈到电气控制部分并与指令电压进行比较，自动调节到指定电压工作。如要调节焊接参数，可以转动控制盒上的"焊接电压"和焊接电流遥控盒上的"焊接电流"旋钮。

3. 停止 焊接需结束时，按"停止"按钮，这时送丝电机与焊车的电枢电压都切断，停止动作，电弧还未熄灭，由于送丝停止，电弧逐渐拉长，电弧电压升高，电气控制自动切断后电弧熄灭。完成焊接后，关闭焊剂漏斗，点动"焊丝向上"按钮，将焊丝略微上抽，然后松开焊车离合器，将焊车拉出焊接区。

4. 使用注意事项

1）按外部接线图正确接线，特别要注意网路电压与焊机铭牌电压相同，电源要加地线。

2）必须经常检查电缆绝缘情况，如有损坏须停止使用，加强绝缘或更换电缆。焊接过程中焊丝和机头带电，须按安全操作规程使用防护用具。

3）多芯电缆注意接头不能松动，避免接触不良。

4）定期检查控制线路中的电器元件，对损坏或触点烧毛的进行更换。

5）定期检查送丝轮的磨损情况，如发现显著磨损时，应进行更换。

6）定期检查和更换送丝机构和焊车减速箱内的润滑油。

7）必须经常检查导电嘴的磨损情况，若磨损须进行更换。

8）要保证焊机在使用过程中各部分的动作灵活，因此要经常保持焊机的清洁，避免焊剂、渣壳的碎末影响正常工作和增加机件的磨损。

9）焊机机头电源等不能受雨水或腐蚀气体的侵蚀，也不能在温度很高的环境中使用。

第三节　埋弧焊工艺

埋弧焊的应用十分广泛，目前国内以平焊位置焊接最普遍，所以本节只介绍埋弧焊平焊的工艺。

一、焊接参数对焊缝成形和尺寸的影响

埋弧焊的焊接参数主要有：焊接电流、电弧电压、焊接速度、焊丝直径和伸出长度等。

1. 焊接电流对焊缝成形的影响　当其它参数不变时，焊接电流对焊缝形状和尺寸的影响如图 5-7 所示。一般焊接条件下，焊缝熔深与焊接电流成正比：

$$H = K_a I$$

式中　H——焊接熔深；

I——焊接电流；

K_a——比例系数，由电流种类、极性、焊丝直径以及焊剂等来决定。

从图 5-7 中可以看出，随着焊接电流的增加，熔深和焊缝余高都有显著增加，而焊缝的宽度变化不大。这是由

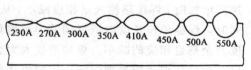

图 5-7　焊接电流对焊缝成形的影响

于焊接电流增加时，电弧产生的热量也增加，传给焊件的热量也增加，电弧对熔池的作用力也相应增强，所以熔深相应随之增加。同时，随着焊接电流的增加，焊丝的熔化量也相应增加，这就使焊缝的余高增加。反之，则熔深和余高都减小。

但是，当焊接电流太大时，由于熔深较深，而焊缝宽度变化不大，会使熔池中的气体和夹杂物上浮及逸出困难，焊缝易产生

气孔、夹渣和裂纹等缺陷，因此为提高焊接质量，在增加焊接电流的同时，必须相应地提高电弧电压，以保证相应的焊缝宽度。

2. 电弧电压对焊缝成形的影响　当其它参数不变时，电弧电压对焊缝成形的影响如图 5-8 所示。

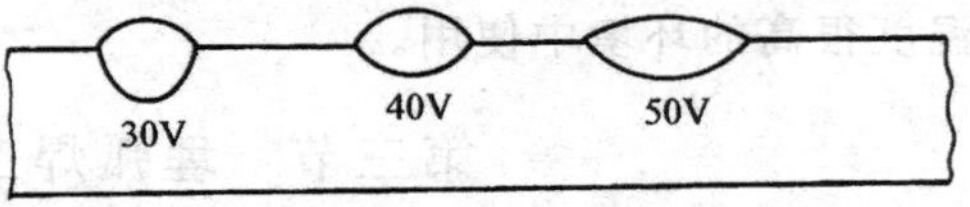

从图 5-8 中可以看出，随着电弧电压的增加，焊缝宽度明显增加，

图 5-8　电弧电压对焊缝成形的影响

而熔深和焊缝余高则有所下降，这是由于电弧电压与电弧长度成正比，电弧电压的增加，也就是电弧长度的增加，这样焊件被电弧加热的面积也增加，结果使焊缝的宽度增加。同时电弧长度的增加，会使较多的热量用来熔化焊剂，而焊丝的熔化量没有增加，并且熔化的焊丝要分配在较大的面积上，所以焊缝的余高会降低。另外，由于弧长的增加，电弧摆动作用会加剧，电弧对熔池的作用力相对减弱，从而使焊缝熔深变小。

但是电弧电压太大时，不仅使熔深变小，产生未焊透，而且会导致焊缝成形差、脱渣困难，甚至产生咬边等缺陷。所以在增加电弧电压的同时，还应适当增加焊接电流。

3. 焊接速度对焊缝成形的影响　当其它焊接参数不变，焊接速度增加时，焊接热输入量相应减小，从而使焊缝的熔深也减小，同时，焊缝单位长度内所得到的焊丝熔化量减少，所以焊缝的宽度及余高也相应的减小。焊接速度太大会造成未焊透等缺陷。所以，为保证焊接质量须保证一定的焊接热输入，即为了提高生产率而提高焊接速度的同时应相应提高焊接电流和电弧电压。

4. 焊丝直径对焊缝成形的影响　当其它焊接参数不变，焊丝直径增加时，弧柱直径随之增加，即电流密度减小，会造成焊缝宽度增加，熔深减小。反之，则熔深增加及焊缝宽度减小。

5. 焊丝伸出长度对焊缝成形的影响　当其它焊接参数不变，焊丝长度增加时，电阻也随之增大，伸出部分焊丝所受到的预热作用增加，焊丝熔化速度加快，结果使熔深变浅，焊缝余高增加，因此须控制焊丝伸出长度，不宜过长。

6. 电源极性对焊缝成形的影响　埋弧焊时交流和直流电源都可以使用。当采用直流正接时，由于焊丝熔化速度大于焊件熔化速度，因此熔深较浅；反之当采用直流反接时，则熔深较大；而采用交流电源时，对焊缝成形的影响介于直流正、反接之间。

7. 坡口形状对焊缝成形的影响　当其它焊接参数不变时，增加坡口的深度和宽度时，焊缝熔深增加，焊缝余高和熔合比显著减小。

8. 根部间隙对焊缝成形的影响　在对接焊缝中，焊件的根部间隙增加，熔深也随着增加。

9. 焊件厚度和焊件散热条件对焊缝成形的影响　当焊件厚度较厚和散热条件较好时，焊缝宽度会减小，并且余高将增加。

10. 焊丝倾角对焊缝成形的影响　焊丝的倾斜方向分为前倾和后倾，如图 5-9 所示，倾角的方向和大小不同，电弧对熔池的力和热作用也不同，从而影响焊缝成形。当焊丝后倾一定角度时，由于电弧指向焊接方向，使熔池前面的焊件受到了预热作用，电弧对熔池的液态金属排出作用减弱，而导致焊缝宽度较宽而熔深变浅。反之，焊缝宽度较小而熔深较大，但易使焊缝边缘产生未熔合和咬边，并且使焊缝成形变差。

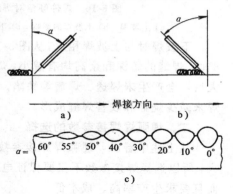

图 5-9　焊丝倾角及其对焊缝成形的影响
a）前倾　b）后倾　c）倾角大小
对焊缝成形的影响

11. 焊件倾角对焊缝成形的影响　焊件倾斜时形成上坡焊和下坡焊两种情况，它们对焊缝成形影响很大，如图 5-10 所示。

上坡焊时由于熔池金属向下流动，使焊缝宽度减小，而熔深和余高增加，形成窄而高的焊缝。从图 5-10b 中可以看出，若斜度大于 6°时，焊缝余高过大，两侧易产生咬边，并且成形差。所以正常情况下，上坡焊倾角不易过大。

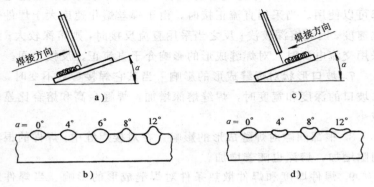

图 5-10　焊件倾角对焊缝成形的影响

a）上坡焊　b）上坡焊的影响　c）下坡焊　d）下坡焊的影响

　　下坡焊时与上坡焊相反，从图 5-10d 中可以看出，当斜度小于 8°时，焊缝的熔深和余高均有减小，焊缝成形较好。当倾角继续增大后，会产生未焊透、焊瘤等缺陷。在实际生产中经常使用下坡焊来减少烧穿和改善焊缝成形。

二、埋弧焊焊接参数的选择

　　从上述中看出，埋弧焊焊接参数对焊缝的质量和成形影响很大，所以选择焊接参数不仅要保证电弧稳定、焊缝质量和成形好，而且要求生产率高、成本低。

　　焊接参数的选择方法：

　　1. 查表法　查阅资料根据类似情况的焊接参数作为确定新焊接参数的参考。

　　2. 经验法　根据实践积累的经验来确定新的焊接参数。

　　3. 试验法　通过在焊接试件上做的焊接试验来确定最佳的焊接参数。

三、埋弧焊焊接工艺技术

　　1. 对接接头的双面焊接　对接接头的双面焊接广泛应用于

各种板件或简体的对接接头。采用这种方法焊接对焊接参数的波动及焊件的装配要求不很敏感，所焊产品质量较高。

（1）在焊剂垫上留间隙开Ⅰ形坡口的双面焊（图5-11） 焊剂垫的作用是防止焊件烧穿和熔池流失。为了经济而开Ⅰ形坡口，在装配中预留一定的间隙，来增加焊接时的熔深。在正面焊接时，焊接参数应能保证熔深超过焊件厚度的1/2或2/3，焊件翻身后，可不用焊剂垫直接进行悬空焊接。焊接参数参见表5-1，在背面焊接时为确保质量还可以先采用碳弧气刨清根后再进行施焊。

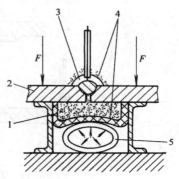

图5-11 在焊剂垫上留间隙
开Ⅰ形坡口的焊接
1—石棉板 2—焊件 3—熔渣
4—焊剂 5—充气橡胶管

（2）在临时工艺垫板上的焊接

采用该方法焊接时，接头处应留有一定宽度的间隙，以保证细颗粒焊剂能进入并填满，背面用垫板封死，临时垫板常用厚度为3～4mm、宽为30～50mm的薄钢带，也可采用石棉绳或石棉板，如图5-12所示。焊完正面后，去除背面的临时垫板并清除间隙中的焊剂和焊渣，然后焊背面。

表5-1 焊剂垫上双面埋弧焊的焊接参数

焊件厚度 /mm	根部间隙 /mm	焊丝直径 /mm	焊接电流 /A	电弧电压 /V	焊接速度 / (cm/min)
10～12	2～3	4	600～700	33～35	50
14～16	3～4	5	650～750	34～36	45
18～20	4～5	5	750～850	36～39	40
22～24	4～5	5	850～900	38～41	37
26～28	5～6	5	900～950	39～42	33
30～32	6～7	5	950～1000	40～44	27

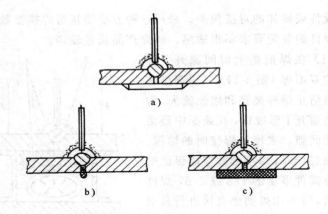

图 5-12 在临时垫板上的焊接

a) 薄钢带垫　b) 石棉绳垫　c) 石棉板垫

（3）中厚板开坡口的焊接　采用该方法可以保证焊件焊透，在生产中应用非常广泛。焊件厚度太大时常用多层焊接，焊接时先焊第一面，焊完第一面后翻转焊件，并进行清根，再焊第二面，常用焊接参数见表 5-2。

（4）无间隙或小间隙的无衬垫双面埋弧焊　无间隙无衬垫对焊件边缘加工和装配质量要求较高，焊件边缘须平直，根部间隙小于 1mm，间隙太大，易造成烧穿或熔池金属和熔渣从中间流失。为保证焊接时能焊透又不烧穿，在焊正面时，熔深应为焊件厚度的 40%～50%，翻身后熔深应达到焊件厚度的 60%～70%，而焊接时的熔深一般无法直接测出，焊接 5～14mm 的焊件时，可以凭经验来估计，如用熔池背面母材金属的颜色（熔池背面母材金属呈红到黄色，焊件板厚越小，颜色应越浅）来表示熔深的程度。此外当焊接电流较大、电弧电压较低、焊接速度较快时，焊缝背面的加热面积前端呈尖形，如果此时颜色呈淡黄或白亮，则焊件已接近焊穿，应立即减小焊接电流，适当增加电弧电压。若此时颜色深或较暗时，说明焊接速度快，应适当降低焊接速度或适当降低焊接电流。而在焊接电流较大、电弧电压较低、焊接速度较慢时，加热面积前端呈圆形，若颜色浅亮，则应适当增加焊接速度，若颜色为暗色，则适当增加焊接电流。常用的无衬垫双面埋弧焊的焊接参数见表 5-3。

表 5-2　中厚板对接开坡口双面埋弧焊的焊接参数

焊件厚度/mm	坡口形式		焊丝直径/mm	焊接顺序	焊接电流/A	焊接电压/V	焊接速度/(m/h)
14			5 5	正 背	600~700 600~700	36~39 36~38	27~32 27~32
16			5 5	正 背	650~750 600~750	36~39 36~39	27~32 27~32
18			5 5	正 背	700~850 700~800	37~40 37~40	25~30 25~30
20			5 5	正 背	750~850 750~850	38~41 38~41	25~30 25~30
22			5 5	多层	600~750 600~750	36~38 36~38	28~33 28~33
24			5 5	多层	600~750 600~750	36~38 36~38	28~33 28~33
30			5 5	多层	600~750 600~750	36~39 36~39	28~33 28~33

表 5-3　无衬垫双面埋弧焊的焊接参数

焊件厚度/mm	焊丝直径/mm	焊接顺序	焊接电流/A	电弧电压/V	焊接速度/(m/h)
4	2	正 背	240~260 300~340	30~32 32~34	36~40 36~40
6	3	正 背	340~360	32~34	36~40

（续）

焊件厚度 /mm	焊丝直径 /mm	焊接顺序	焊接电流 /A	电弧电压 /V	焊接速度 / (m/h)
8	3	正	420~480	32~34	36~40
		背	520~580	34~36	36~40
10	4	正	480~520	34~36	36~40
		背	640~680	34~36	36~40
12	4	正	560~600	34~37	36~40
		背	640~750	34~38	36~40
14	4	正	650~720	35~38	34~38
		背	750~800	36~38	34~38
16	5	正	700~780	36~38	26~30
		背	800~850	37~40	26~30
18	5	正	750~800	38~40	26~29
		背	800~880	38~41	25~29
20	5	正	800~850	38~41	24~28
		背	850~900	39~42	24~28

2. 对接接头的单面焊接　对接接头埋弧焊时，焊件可以开 V 形、U 形等坡口或开 I 形坡口，开 V 形、U 形等坡口不仅为了保证熔深，还可以控制熔合比及成形等。正常情况下，埋弧焊开 I 形坡口可以一次焊透 20mm 以下的焊件，此时须留一定的间隙。一般情况下，板厚超过 14~16mm 且需焊透时须开 V 形、U 形等坡口。单面焊常用的几种方法如下：

（1）根部封底或根部打底的单面埋弧焊　由于受焊接结构的限制，不易采用双面焊接技术，可以采用在根部用焊条电弧焊等方法进行封底焊，然后采用埋弧焊进行焊接，这样可以保证焊缝能够焊透，如图 5-13 所示。

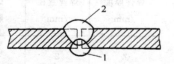

图 5-13　根部封底单面埋弧焊
1—封底焊　2—埋弧焊

以可以在焊件上开坡口，先采用焊条电弧焊或手工钨极氩弧焊进行打底层的焊接，保证根部单面焊双面成形后，再用埋弧焊进行填充层和盖面层的焊接。

（2）埋弧焊单面焊双面成形　即采用较强的焊接电流，将焊件一次焊透，使金属熔化后在衬垫上冷却凝固而达到背面成形的目的，这种方法可以提高生产率和改善劳动条件。为使焊缝一次焊透且双面成形，必须采用可靠的衬垫来托熔池的液态金属，以防止熔化金属在其自重作用下烧穿。为了保证

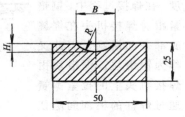

图 5-14　铜垫板尺寸图

焊缝质量，衬垫应具备以下性能：在熔池高温作用下能保持自身形状，以防止烧穿，并与焊件有一定的紧贴力，以防止液态金属从间隙处流失，同时能控制背面焊缝的宽度和余高比较均匀。目前使用的衬垫可分为铜垫、焊剂垫及陶瓷垫等。

铜垫——利用纯铜作衬垫，由于纯铜的导热性良好，所以是一种理想的衬垫材料。铜垫是在纯铜板上加工出一条和焊缝背面形状一致的成形槽，如图 5-14 所示。成形槽尺寸见表 5-4。

表 5-4　铜垫板成形槽尺寸　　　　　　　　　　　（mm）

焊件厚度	槽宽 B	槽深 H	槽曲率半径 R
4～6	10	2.5	7.0
6～8	12	3.0	7.5
8～10	14	3.5	9.5
12～14	18	4.0	12.0

采用这种方法焊接时，在铜垫的沟槽中铺撒焊剂，焊接时这部分焊剂起焊剂垫的作用，同时以保护铜垫板，免受电弧直接作用，沟槽起焊缝背面成形的作用，这种工艺对焊件装配质量和垫板上的焊剂托力不敏感。根据铜垫尺寸及贴紧方式，铜垫可分为固定式和移动式。

固定式铜垫长度稍长于焊缝，在焊接过程中铜垫固定不动，为

了使铜垫与焊件贴紧，可用电磁平台固定，也可用龙门压力架固定，但这种焊接工艺由于受铜垫长度限制，焊缝不能太长。

移动式铜垫长度只需略大于焊接熔池长度，在焊接过程中，铜垫紧跟着焊接机头在焊缝底部一起滑动，因此又称为铜滑块。铜滑块由焊接机头上的拉紧弹簧通过焊件的根部间隙使它贴紧在焊缝背面，其结构原理如图 5-15 所示。

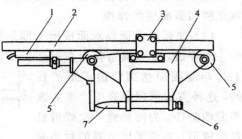

图 5-15　铜滑块的结构原理
1—铜滑块　2—焊件　3—拉片　4—拉紧滚轮架
5—滚轮　6—夹紧调节装置　7—顶杆

采用铜滑块，焊缝长度不受滑块长度的限制，但因铜滑块长度太小，散热性能差，易受热氧化，须采用水冷却，铜滑块可通过焊缝间隙拉紧，焊缝坡口要有足够的间隙，并且必须有特殊设计的焊接机头。

焊剂垫——利用焊件自重或充气橡胶软管衬托的焊剂垫，焊缝成形的质量主要取决于焊剂垫托力的大小和均匀与否，以及根部间隙的均匀与否，如图 5-16 所示。

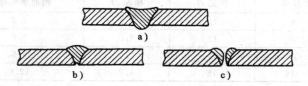

图 5-16　在焊剂垫上的焊接
a) 焊剂托力不足　b) 焊剂托力太大　c) 焊剂托力过大

焊剂垫可防止熔池金属的流失。焊剂垫应尽量采用细颗粒焊剂。焊剂颗粒度不均匀，难以保证承托力的均匀性，因此背面焊缝成形不够均匀，严重时会产生焊接缺陷。焊件越厚，焊接电流越大，这种情况越严重。焊接薄板时，焊件易变形，焊接时可用压力架电磁平台等方法来压紧，以保证焊件与衬垫的可靠贴紧。

焊剂垫法和铜垫法只适用于固定位置的焊接或平焊位置，对于不固定的曲面等的焊接，目前采用陶瓷衬垫等方法来实现。

埋弧焊的单面焊双面成形焊接参数可参见表 5-5。

表 5-5　埋弧焊单面焊双面成形的焊接参数

焊件厚度 /mm	根部间隙 /mm	焊丝直径 /mm	焊接电流/A	电弧电压 /V	焊接速度 /(m/h)
3	2	3	380～420	27～29	47
4	2～3	4	450～500	29～31	40.5
5	2～3	4	520～560	31～33	37.5
6	3	4	550～600	33～35	37.5
7	3	4	640～680	35～37	34.5
8	3～4	4	680～720	35～38	32
9	3～4	4	720～780	36～39	27.5
10	4	4	780～820	38～40	27.5
12	5	4	850～900	39～41	23
13	5	4	880～920	39～41	21.5

3. 角焊缝的埋弧焊工艺

角焊缝主要出现在 T 形接头和搭接接头中，通常采用船形焊和平角焊方法。

（1）船形焊　船形焊即 T 形、十字形和角接接头处于平焊位置进行的焊接，如图 5-17 所示。

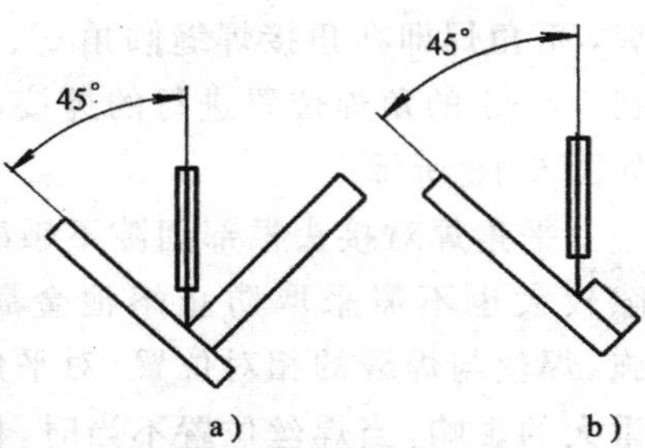

图 5-17　船形焊
a）T 形接头　b）搭接接头

这种方法焊接时熔池处于水平位置，能保证焊缝质量，易得到凹形焊缝，当焊件根部间隙超过 1.5mm，易发生熔池金属流失和烧穿，因此对装配质量要求严格，同时可在焊缝背面用焊条电弧焊封底或用石棉绳垫、焊剂垫等来防止熔池金属的流失。焊接时电弧电压不能太高，以免产生咬边，船形焊的焊接参数见表 5-6。

表 5-6　船形焊位置埋弧焊的焊接参数

焊脚尺寸 /mm	焊丝直径 /mm	焊接电流/A	电弧电压 /V	焊接速度 /(m/h)
6	3	500～525	30～32	45～47
	4	550～600	30～33	52～54
8	3	550～600	30～33	28～30
	4	575～625	31～34	30～32
	5	650～700	32～35	30～32
10	3	600～650	32～35	20～23
	4	650～700	33～36	23～25
	5	675～750	34～36	23～25
12	3	600～650	33～36	12～14
	4	700～750	34～37	16～18
	5	775～825	35～38	18～20

　　(2) 平角焊　当焊件不可能或不便于采用船形焊时采用平角焊，平角焊即在角接焊缝倾角 0°、180°，转角 45°、135° 的角焊位置进行的焊接，焊接形式如图 5-18 所示。

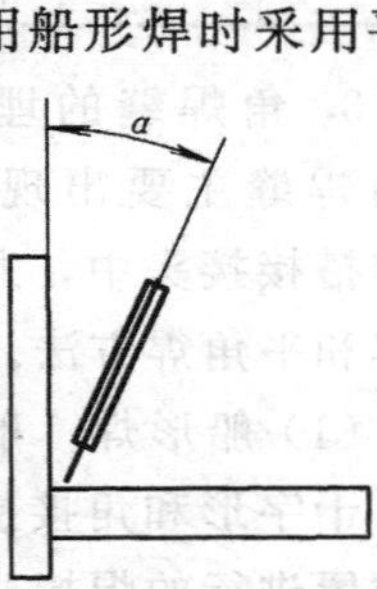

　　平角焊对接头根部间隙不敏感，即使间隙较大也不需采取防止熔池金属流失的措施。焊丝与焊缝的相对位置，对平角焊质量有重大的影响，当焊丝位置不当时，极易产生咬边或焊偏等现象，为保证焊缝成形良好，焊丝

图 5-18　平角焊位置

偏角 α 一般在 20°～30° 之间。一般情况单道平角焊缝的焊脚尺寸不易超过 8mm。常用焊平角焊位置埋弧焊的焊接参数见表 5-7。

表 5-7　平角焊位置埋弧焊的焊接参数

焊脚尺寸 /mm	焊丝直径 /mm	焊接电流/A	电弧电压 /V	焊接速度 /(m/h)
4	3	350~370	28~30	53~55
6	3	450~470	28~30	54~58
	4	480~500	28~30	58~60
8	3	500~530	30~32	44~46
	4	670~700	32~34	48~50

4. **多丝埋弧焊工艺**　多丝埋弧焊是一种高效的焊接工艺，是指焊接时采用两根或两根以上的焊丝同时进行，目前常用的是双丝和三丝埋弧焊。双丝埋弧焊根据焊丝的排列位置可分为纵列式、横列式，如图 5-19 所示。

从焊缝成形看，纵列式的焊缝深而窄，横列式的熔宽大。双丝焊可以合用一个电源或两个独立电源，目前常用的是纵列式。纵列式可根据焊丝距离分为单熔池和双熔池两种，如图 5-20 所示。单熔池焊丝直径为 10~30mm，两个电弧形成一个熔池。焊缝成形决定于两个电弧的相对位置、焊丝倾斜角和各焊接电流和电弧电压。单熔池埋弧焊时，前导电弧保证熔深，后续电弧调节熔宽，使焊缝具有适当的形状，为此焊丝的距离要适当。双熔池埋弧焊时，两焊丝间距大于 100mm，每个电

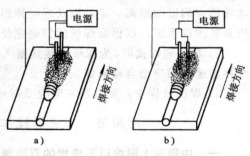

图 5-19　双丝埋弧焊
a) 纵列式　b) 横列式

弧具有各自的熔化空间，后续电弧作用在前导电弧已熔化而凝固的焊道上，而且必须冲开前一电弧熔化的尚未凝固的熔渣层，此法适于水平位置平板对接的单面焊双面成形焊接。

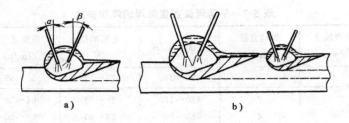

图 5-20　纵列式双丝埋弧焊

a) 单熔池　b) 双熔池

5. 窄间隙埋弧焊　窄间隙埋弧焊是近年来发展的一种高效的焊接方法，由窄间隙气体保护焊演变而来，在厚板焊接时，采用 I 形坡口，间隙 15～35mm，其中尤其以 20～30mm 用得最广泛。由于采用窄间隙，避免了厚板接头通常采用的 U 形或双 U 形坡口，因而大大节省了填充金属，采用这种方法有以下一些特点：

1）在窄间隙深的坡口中进行多层埋弧焊，脱渣是一个重要的因素，一般采用具有良好脱渣性能的焊剂。

2）在窄间隙的坡口中，不论采用两道一层焊缝或是单道一层焊缝，都要保证每层焊道与间隙内壁的良好焊透，因此要保证焊丝端部与侧壁的距离一定，以及焊丝伸出长度一定，这就要求焊机具备跟踪系统，以保证焊丝的精确定位。

3）在环缝焊接时，为保证焊接热输入一致，随着焊层的增加，焊件转速应相应地自动降低。

4）焊接过程中，如发现缺陷应及时地进行返修。

第四节　埋弧焊操作实例

一、中厚板 I 形坡口不清根的双面埋弧焊

1. 焊前准备　焊机选用 BX-330 型弧焊变压器一台和 MZ-1-1000 型埋弧焊机一台；焊条选用 E4303，直径为 4mm；焊剂为 HJ431，配 H08A 焊丝，直径为 4mm；试件材料为 Q235-A 厚度为 12mm，规格为 500mm×125mm 两块；备齐各种辅助工具和量具。引弧板和引出板的材料为 Q235-A，规格为 100mm×100mm，厚

度为 12mm，数量两块。并将焊剂放入烘箱内经 250℃烘干 2h 后待用。

2. 装配　先用角向磨光机将试件待焊区域的金属表面清理干净。将两块试件及引弧板、引出板按图 5-21 所示装配，根部间隙为 0～1mm，装配边缘偏差不大于 1.2mm，反变形量为 3°。采用焊条电弧焊进行定位焊。采用引弧板是由于在焊接起始阶段焊接参数不够稳定，达到预定的焊缝厚度要有一个过程，采用引出板是在收尾时，由于熔池冷却收缩会产生弧坑，这两种情况都会影响焊接质量，甚至产生缺陷。为此可在试件两端加上引弧板和引出板。焊接时先在引弧板上引弧，而焊接结束时在另一端引出板收弧，最终将引弧板和引出板用气割割除。

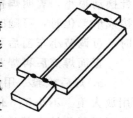

图 5-21　埋弧焊Ⅰ形坡口不清根双面焊试件

3. 焊接参数　焊接参数见表 5-3，焊接电源极性采用直流反接，焊剂采用 HJ431，焊丝采用 H08A，直径为 4mm。

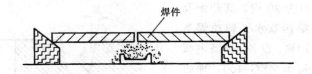

图 5-22　焊件摆放示意图

4. 焊接操作　如图 5-22 所示，将装配好的试件放在简易的焊剂垫上。简易的焊剂垫就是槽钢上撒满焊剂，并用刮板将焊剂堆成尖顶，纵向呈直线，试件安放时应使接缝对准焊剂垫的尖顶线，轻轻放下，并用手锤轻击试件，使焊剂垫垫实。为避免焊接时发生倾斜，可在试件两侧垫上楔子。焊接时先按表 5-3 调节好焊接电流、电弧电压和焊接速度。调节焊接机头使导向针在指示灯照射下的影子对准基准线，导向针端部与试件表面要留出 2～3mm 间隙，以免焊接过程中与试件摩擦产生电弧，甚至短路，使主电弧熄灭。导向针经焊丝超前一定的距离，以免受到焊剂的阻挡，影响观察。焊前先将离合器松开，用手将焊接小车在导轨上推动，观察导向针的影子是否始终照射在基准线上，以观察导轨与基准线的平行度。若出现偏差，可以轻敲导轨进行调整。调节好后，打开焊剂漏斗，待焊剂堆满焊接部位后，即开始起弧焊接。

焊接过程中，应随时观察控制盒上电流和电压表的指针，导电嘴的高低，导向针的位置和焊缝成形。若电流表和电压表的指针摆动很小，表明焊接过程很稳定。若发现指针摆幅度增大、焊接成形恶化时，可随时调节焊接参数。当发现导向针偏离基准线时，可调节小车前后移动的手轮。

正面焊完后再焊背面，最后去除焊缝表面的焊渣。

5. 焊后检验　用肉眼检查焊缝正面和背面的焊缝成形，也可用放大镜（不小于 5 倍）检查，并用焊缝量尺测量外形尺寸，合格后进行焊缝内部的射线探伤，然后做相应的力学性能检验。

二、大直径厚壁管 U 形坡口的焊条电弧焊打底埋弧焊盖面的焊接

1. **焊前准备**　大直径厚壁管 U 形坡口的试件如图 5-23 所示。材料为 20 钢，其装配及定位与第四章水平转动焊条电弧焊相同。设备：焊条电弧焊的焊机为 ZXG-400，埋弧焊焊机为 MZ3-500，焊接调速滚轮架一台，焊接操作架一台。焊前清理与上述相同，焊剂、焊条须严格烘干。

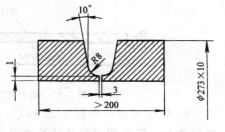

图 5-23　大直径厚壁管 U 形坡口试件

2. **焊接参数**　焊接参数见表 5-8，焊接电源极性采用直流反接。

3. **焊接操作**　打底层和填充层都采用焊条电弧焊，焊接操作与第四章第四节的大直径管水平转动焊相同。盖面层采用埋弧焊，焊剂为 HJ431，其颗粒度为 1.43～0.28mm（14～60 目）。采用直流反接。焊接盖面层时，先预调节焊接参数，调节焊接机头使焊

表 5-8　大直径厚壁管 U 形坡口试件埋弧焊的焊接参数

焊接层次	规格/mm	焊接材料	焊接电流/A	电弧电压/V	焊接速度/(m/h)	伸出长度/mm
定位焊	3.2	E4315	80～110	—	—	—
打底层	3.2	E4315	80～110	—	—	—
填充层	4.0	E4315	130～170	—	—	—
盖面层	2.5	H08A	200～300	22～30	28～38	20～30

嘴距离焊件 20～30mm，图 5-24 中的偏移量 B 为 20～30mm，并使焊丝对准坡口的中心线，开启焊剂漏斗，使焊剂堆在待焊区，由于管子表面曲率较大，焊剂容易散失，为在焊接过程中更好地保护熔池，可在焊接区的前方加一如图 5-24 所示挡板或采取其它防止焊剂散失的措施。按下"启动"按钮，进行焊接，并耳听和观察焊接过程，注意焊机的电流表和电压表及调速滚轮的转速表的指示，随时进行调节，以保证焊接过程的稳定。在焊完一周后须重叠一段焊缝，最后按"停止"按钮，熄弧后关闭焊剂漏斗。

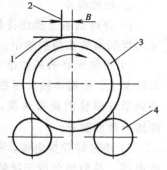

图 5-24　大直径管水平转动的埋弧焊接
1—挡板　2—焊丝
3—焊件　4—滚轮

4. 焊后清理与检验　用锤子、钢丝刷清除焊渣，并对收弧处进行修磨。对焊缝成形及外观尺寸进行检验，并进行无损检测，合格后做力学性能试验。

三、简体环缝对接双面埋弧焊

1. 焊前准备　焊件如图 5-25 所示，材料为 20g。选用焊丝为 H08A，直径为 4mm，定位焊焊条为 E4303，直径为 4mm，焊剂为 HJ431，碳棒直径为 6mm。选用 BX-330 弧焊机，MZ-1-1000 埋弧焊机，焊接内、外环缝的操作机，调速滚轮架，焊接内环缝的焊剂垫，碳弧气刨的电源及枪，以及其它辅助工具。同时焊剂和焊条须严格烘干，焊丝也须清理干净。

2. 装配定位　焊前将焊件边缘及两侧的铁锈、油污等用角向磨光机打磨干净，然后进行装配，装配时保证钢板对接边缘偏差不大于2mm、间隙0～1mm，定位焊缝长度为20～30mm，间隔300～400mm。

3. 焊接参数　焊接参数见表5-9，焊接电源极性采用直流反接。碳弧气刨所需压缩空气压力为0.5MPa。

4. 焊接操作

1）将焊剂垫安放在待焊处，将烘干的焊剂堆放在焊剂垫中。

2）将装配好的筒体吊至焊接调速滚轮架上，使筒体接头压在焊剂垫上。并调节好滚轮的旋转速度，使之符合焊接参数的要求。

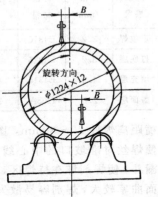

图 5-25　筒体环缝对接双面埋弧焊的试件

3）连接好焊接电缆，驱动焊接操作设备，使焊接机头伸入筒体内部，并使焊丝位于接缝的中心线上，调节焊接机头横向移动旋钮，使焊丝的偏移量 $B=20mm$，并调节好焊丝的伸出长度。

表 5-9　筒体环缝双面埋弧焊的焊接参数

焊接层次	规格/mm	焊接材料	焊接电流/A	电弧电压/V	焊接速度/(m/h)	伸出长度/mm
定位	$\phi 4$	E4303	140～180	—	—	—
内	$\phi 4$	H08A	500～600	33～37	28～32	30
清根	$\phi 6$	碳棒	250～350	—	30～40	—
外	$\phi 4$	H08A	500～650	34～38	26～30	30

4）打开焊剂漏斗，放出焊剂，按"启动"按钮，焊丝引弧和筒体旋转同时进行。耳听和观察焊接过程，注意焊接电流表、焊接速度表和电弧电压表指针的指示是否正确，注意焊嘴与焊件的

距离，并注意筒体旋转时的轴向移动，随时进行调整，以保证焊接过程的稳定。

5）当焊完一周，让焊缝重叠一定的长度后，按"停止"按钮，熄弧后关闭焊剂漏斗，驱动操作机并退出筒体。

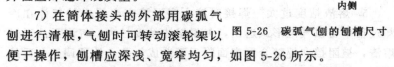

图 5-26　碳弧气刨的刨槽尺寸

6）用清渣工具清理焊缝表面，并检查焊缝外观质量。

7）在筒体接头的外部用碳弧气刨进行清根，气刨时可转动滚轮架以便于操作，刨槽应深浅、宽窄均匀，如图 5-26 所示。

8）严格清除刨槽内及两侧的焊渣，并用钢丝刷刷干净。

9）驱动焊接操作机，使机头位于筒体外部接头处，并调节机头使焊丝的偏移量 $B=20\sim30mm$，焊嘴至焊件距离为 30mm。

10）同焊接内缝过程一样进行焊接操作、焊缝表面清渣以及外观检查。

5. 焊后检验　用焊缝量尺测量焊缝外形尺寸，并进行无损检测。

第五节　埋弧焊常见缺陷的产生原因及防止措施

埋弧焊过程中常见的缺陷有焊缝表面成形不良、咬边、未熔合、未焊透、夹渣、气孔、裂纹和烧穿等。其产生的原因和防止措施如下：

一、气孔

1. 清理不干净　焊丝表面和焊件坡口及其待焊区域的铁锈、油污或其它污物在焊接时会产生大量的气体，而产生气孔。所以焊接时必须严格清理焊丝表面和焊件坡口及其待焊区域的金属表面。

2. 焊剂潮湿　焊剂中的水分在焊接过程中会导致气孔的产

生。因此焊剂须正确地保管和储存，焊接前必须严格烘干。

3. **焊剂中混有杂物** 回收或使用中的污物或氧化物也会产生气孔。所以在使用中可采用真空式焊剂回收器有效地分离焊剂与尘土，回收后必须认真过筛、吹灰和重新烘干。

4. **焊剂覆盖层不充分** 由于焊剂层覆盖不充分或焊剂漏斗阻塞，使电弧外露，空气侵入而产生气孔。焊接环缝时，特别是小直径的环缝，更容易出现这种现象。应调节焊剂覆盖层的高度，疏通焊剂漏斗。

5. **熔渣粘度过大** 焊接时溶入高温液态金属中的气体在冷却过程中将以气泡形式逸出，如果熔渣粘度过大，气泡无法通过熔渣，被阻挡在焊缝金属表面附近而造成气孔，故须调整合适的焊剂。

6. **电弧磁偏吹** 焊接时经常发生电弧磁偏吹现象，当磁偏吹严重时会产生气孔，造成磁偏吹的因素很多，如焊件上焊接电缆的位置。在同一条焊缝上的磁偏吹方向也不同，尤其在焊缝端部磁偏吹影响较大。为此焊接电缆的联接位置应尽可能远离焊缝终端，避免部分焊接电缆在焊件上产生二次磁场。

二、裂纹

埋弧焊产生的裂纹主要有结晶裂纹和氢致裂纹。

1. **热裂纹** 焊接过程中熔池金属中的硫、磷等杂质在结晶过程中形成低熔点共晶，随着结晶过程的进行，它们逐渐被排挤在晶界，形成"液态薄膜"，而在焊缝凝固过程中由于收缩作用，焊缝金属受拉应力，"液态薄膜"不能承受拉应力而产生裂纹。可以通过合理地选配焊接材料，控制母材金属的S、P等杂质含量来防止热裂纹的产生。

2. **冷裂纹** 在焊接一些厚度较大、焊接接头冷却较快和母材金属淬硬倾向较大的焊件时，会在焊缝中产生硬脆组织，同时焊接时溶解于焊缝金属中的氢，因冷却过程中溶解度下降，向热影响区扩散，当热影响区的某些区域氢浓度很高而温度继续下降时，一些氢原子开始结合成氢分子，在金属内部造成很大的局部应力，在接头拘束应力作用下产生裂纹。它可能在焊后立即出现，也可能在焊后几小时、几天、甚至更长时间才出现。因此又称为延迟裂纹。针对这种情况可以采取以下措施：

1）减少氢的来源，可采用碱性焊剂，焊剂注意保管防潮，使用前严格烘干。对焊丝、焊件及待焊区域的油污、水锈等焊前严格清理。

2）合理地选用焊接参数，以降低钢材的淬硬程度并有利于焊缝金属中氢的逸出和改善应力状态。

3）采用消氢处理或焊后热处理，焊后消氢处理有利于焊缝中溶解的氢顺利地逸出。而焊后热处理可以消除焊接残余应力和有利于焊缝中溶解氢的逸出，并能改善焊缝组织。

4）改善结构设计，以降低焊接接头的拘束应力，在设计时应尽可能地消除应力集中的因素，并且可以焊前预热和焊后缓冷。

三、夹渣

埋弧焊时由于焊件的装配和焊接参数选用不当以及焊剂脱渣性能等，会在焊缝根部等处产生夹渣。因此需合理地选择焊接参数和焊接材料，并在焊接过程中层间应严格清渣，注意焊件的装配质量。

四、未焊透

在焊接过程中由于焊接参数选择不当，如焊接电流过小、电弧电压过高等，以及坡口不合适或操作时焊丝不对准，会造成未焊透。因此须选择合理的焊接参数，坡口加工质量应满足工艺要求，在操作中应注意焊丝的对准。

五、咬边

在焊接过程中由于焊丝位置、角度不当或焊缝局部弯曲及焊接参数不当，会造成焊缝咬边。所以应合理地选择焊接参数，调整焊丝位置和角度。

六、焊缝表面成形不良

由于焊接速度不均匀、焊丝送进速度不均匀、焊丝导电不良、焊件倾角过大、焊接位置不当以及焊接参数不合理等，会造成焊缝表面宽度不均匀和余高太高或太低等缺陷。因此须找出原因并排除故障，更换导电块，调整焊接参数和焊接位置及角度。

七、烧穿

由于焊接电流（打底层）太大、焊接顺序不合理以及根部间隙太大、焊接速度（打底层）太慢、钝边太少等，会产生烧穿现象。因此须合理地选择打底层的焊接电流和焊接速度，缩小根部间隙，增加钝边。

复 习 思 考 题

1. 试述埋弧焊的焊接过程？
2. 埋弧焊有什么优点和缺点？
3. 埋弧焊的自动调节系统有什么作用？
4. MZ-1-1000型焊机如何操作和维护？
5. 试述埋弧焊的主要焊接参数对焊接过程的影响？
6. 埋弧焊的焊接参数如何选择？
7. 焊剂垫主要起什么作用？不用行不行？
8. 窄间隙埋弧焊有什么优点？
9. 埋弧焊单面焊双面成形工艺主要解决什么问题？
10. 焊接对接环缝时，焊丝位置如何调整？
11. 试述埋弧焊过程中气孔产生的原因和防止措施？
12. 为什么铝和铝合金焊接很少采用埋弧焊的方法？
13. 不规则的焊接接头采用埋弧焊工艺是否合理？为什么？
14. 在埋弧焊焊接时增加焊接电流的同时需适当增加电弧电压，为什么？
15. 在埋弧焊时，如需获得较大的焊缝熔深，则可以调整哪些焊接参数？
16. 在埋弧焊时，如需增加焊缝宽度，则可以调整哪些焊接参数？
17. 在埋弧焊时，如需减少焊缝余高，则可以调整哪些焊接参数？
18. 埋弧焊时焊剂有什么作用？
19. 厚度为100mm的钢板对接，采用什么埋弧焊工艺和坡口形式最好？
20. 角焊缝的埋弧焊采用什么焊接位置最合理？
21. 在埋弧焊双面焊时，采用碳弧气刨工艺有什么作用？
22. 试述埋弧焊过程中夹渣产生的原因及防止措施。

23. 用同样的焊接参数在平焊位置焊接与在上坡位置焊接，其结果有什么不同？

24. 用同样的焊接参数焊接两条焊缝，如其中一条焊缝未焊透，是什么原因造成的？

25. 埋弧焊是否焊接速度越慢越好？为什么？

26. 埋弧焊焊剂垫中的焊剂是否要烘干？为什么？

27. 钢板的厚度为 12mm 时，采用双面埋弧焊工艺，为保证焊透是否一定要开 I 形以外的坡口？为什么？

28. 在平板对接时，若焊缝成形后，熔深太小而宽度较大，是为什么？如何处理？

29. 大直径的筒体环缝焊接时，焊丝为什么有一定的偏移量？

30. 筒体环缝焊接时的焊接速度由什么来控制？

31. 在实际生产中埋弧焊与其它焊接方法经常同时组合使用，这是为什么？

第六章　手工钨极氩弧焊

培训要求　了解钨极氩弧焊原理，熟悉设备构造，掌握手工钨极氩弧焊的工艺及操作技能。

第一节　概　　述

手工钨极氩弧焊是气体保护焊方法中的一种，是使用氩气作为保护气体的气体保护焊。即在焊接过程中，氩气在电弧周围形成保护层，并利用钨极与焊件之间产生的电弧热熔化母材金属和填充焊丝，如图 6-1 所示。

手工钨极氩弧焊具有以下一些特点：

（1）氩气能有效地隔绝空气　氩气是惰性气体，它不溶于金属而且不和金属反应。在焊接过程中氩气不断从焊炬的喷嘴喷向焊接区，在钨极、电弧和熔池周围形成气流保护套，隔绝周围空气对金属和钨极的有害作用。

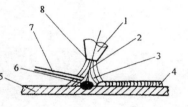

图 6-1　钨极氩弧焊示意图

1—喷嘴　2—钨极　3—电弧

4—焊缝　5—焊件　6—熔池

7—焊丝　8—氩气

（2）电弧稳定　采用难熔金属钨作电极，易于维持弧长，使电弧稳定。

（3）电弧易控制　因热源和填充焊丝可分别控制，所以热输入易调节，可进行各种位置的焊接；另外，由于电弧受氩气的压缩和冷却作用，电弧集中，热影响区小，因此是单面焊双面成形的好方法。

（4）成本高，效率低　由于氩气较贵，使成本增加；因钨极承载电流能力低，所以熔深浅，熔敷速度小，生产率低。

手工钨极氩弧焊根据结构和材料的要求可以添加或不添加填充焊丝。根据其特点主要用于焊接有色金属、不锈钢、高温合金、钛及钛合金，以及一些难熔的活性金属，也经常用于黑色金属重要构件的焊接及一些构件根部熔透焊道的焊接。

第二节　手工钨极氩弧焊设备

手工钨极氩弧焊设备如图 6-2 所示，由焊接电源、焊枪、供气供水系统、焊接控制系统等组成。

一、焊接电源

手工钨极氩弧焊可用交流或直流电源，电源应具有陡降外特性。由于在焊接结束时，收弧处易形成弧坑，从而引起裂纹、气孔等缺陷，因此焊机上都有焊接电流自动衰减装置。

二、控制箱

控制箱内装有控制元件，其主要目的是提供高频引弧、控制气路和水路。当采用交流电

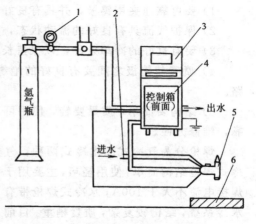

图 6-2　手工钨极氩弧焊设备图
1—供气系统　2—供水系统　3—控制盒
4—焊接电源　5—焊枪　6—焊件

源时控制箱内还装有脉冲稳弧器和隔直电容，用于消除交流回路中的直流分量。

1. 高频引弧器　氩气是一种较难电离的气体，所以引弧比较困难。采用接触短路法引弧时，有可能产生夹钨等缺陷。因此手工钨极氩弧焊通常采用高频引弧器来引弧。高频引弧器是通过在钨极与焊件之间另加的高频高压击穿钨极与焊件之间的间隙而引弧的。

2. 脉冲稳弧器　它的作用是当采用交流电源时，焊接电流过

134

零电位改变极性时，在负半波开始瞬间，用一个外加脉冲电压使电弧易重复引燃，从而达到稳弧的目的。

3. 延时线路　它的作用是控制供气系统，通过对电磁气阀的延时控制，使氩气提前送气和滞后关闭。

三、焊枪

焊枪的作用是夹持钨极、传导焊接电流和输送氩气。焊枪是实现焊接的工具，其结构的合理关系到焊接质量，因此需满足下列要求：

1）要可靠地夹持钨极，并具有良好的导电性能。

2）保护气流具有良好的流动状态，以获得可靠的保护。

3）要有良好的冷却条件，以保持长久的工作。

4）喷嘴与钨极之间要有良好的绝缘性能，以免打弧产生短路。

5）结构要简单，质量要轻，使用可靠，维修方便。

焊枪分为气冷式和水冷式两种：气冷式焊枪结构简单，使用轻巧，主要用于焊接电流不大于100A；水冷式焊枪带有水冷系统，结构较复杂，质量稍重。目前国内常用的典型焊枪是PQ1-150，其结构如图6-3所示。

焊枪的内部零件常用纯铜或黄铜制造，导电和散热好。焊枪的喷嘴是重要部件，其形状对气流的保护性能影响极大，为了使出口处获得较厚的层流层，以取得良好的保护效果，常用喷嘴的上部有较大的空间作为缓冲室，以降低气流的速度，喷嘴出口端的形状如图6-4所示，其中出口端带锥形的喷嘴保护效果最好，因为锥形部分有缓冲气流的作用。圆

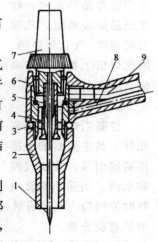

图 6-3　PQ1-150 型焊枪结构

1—钨极　2—喷嘴　3—密封环　4—轧头套管　5—钨极轧头　6—枪体　7—绝缘帽　8—进气管　9—冷却水管

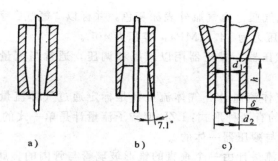

图 6-4　喷嘴出口端形状

a）内锥形　b）外锥形　c）圆柱形

柱形喷嘴其下部为断面不变的圆柱形通道，通道越长，近壁层流层越厚，则保护效果越佳，通道的直径越大，则保护的范围越宽。有时在喷嘴的气流通道中加设多层多孔网板或采用金属丝网制成导流"气筛"以限制气体横向运动，这样有利于形成层流层，加强保护效果。

喷嘴材料有陶瓷、纯铜和石英等。高温陶瓷喷嘴既绝缘又耐热，应用非常广泛，但通常焊接电流不能大于 350A。纯铜喷嘴使用电流可以达到 500A，但需用绝缘套将喷嘴与导电部分隔离。石英喷嘴较贵，但焊接时可见度好。

四、供气系统

供气系统由高压氩气瓶、减压器、流量计及电磁气阀组成，如图 6-5 所示。

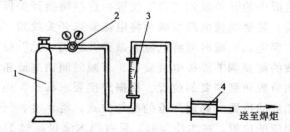

图 6-5　氩弧焊供气系统

1—氩气瓶　2—减压器　3—流量计　4—电磁气阀

1. 氩气瓶　氩气瓶外表涂灰色，并标以"氩气"字样。氩气瓶的最大压力为 14.71MPa，容积为 40L。

2. 减压器　减压器用以减压和调压，通常与流量计做成一体。

3. 气体流量计　气体流量计是标定通过气体流量大小的装置，常用的有两种形式：LZB 型转子流量计是单一式的；301-1 型流量计是与减压器一体的。

转子流量计由一个垂直的锥形玻璃管与管内的金属浮子所组成。当气体自下而上通过锥形管时，浮子随气体流速大小而漂浮于不同高度，气流越大，浮子位置越高，因而根据浮子位置的高度就可以确定气体的流量，其数值可直接从玻璃管刻度上读出。

4. 电磁气阀　电磁气阀是一般的通用元件，是以电信号控制气体通断的装置。

五、供水系统

供水系统是焊接时采用水冷式焊枪所必须的，用于冷却焊接电缆、焊枪和钨极。通常在焊机中设有保护装置——水压开关，保证冷却水接通并有一定的压力才能启动焊机。

六、NSA4-300 型焊机的使用

1. NSA4-300 型焊机的外部接线　该焊机的外部按图 6-6 所示进行接线。

2. NSA4-300 型焊机的使用　使用时，接通电源、水源、气源。将焊接电源中的开关扳到"通"位置，焊接转换开关扳到"氩弧焊"位置。需要焊接电流衰减可将电流衰减开关放到"有"的位置；不需要电流衰减时可将电流衰减开关扳到"无"位置。根据焊接参数的需要调节焊接电流旋钮、衰减时间调节旋钮和气体滞后时间调节旋钮到需要的位置。根据焊接要求将长、短焊转换开关扳到相应的位置。确定焊枪的冷却方式，将水冷、气冷转换开关扳到相应的位置。在水冷却时，只有当水流量超过 1L/min 时，水压开关才能打开，水流指示灯亮，焊机才能接通。打开检气开关，调节氩气流量到规定的数值，然后关断检气开关。然后可进

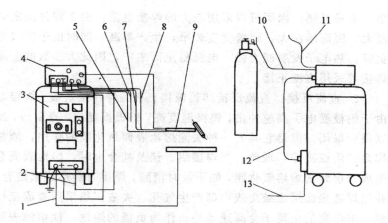

图 6-6　NSA4-300 型手工钨极氩弧焊机外部接线图

1、2、12、13—电缆　3—ZXG7-300-1 型弧焊电源　4—K-2 型手工钨
极氩弧焊控制器　5—水冷电缆　6—出水管　7—水管　8—气管
9—焊枪　10—橡胶软管　11—进水管

行正常的焊接工作。

3．焊机的维护与保养

1）定期检查焊机的接线是否可靠。

2）焊机应置于通风良好、干燥整洁的地方。

3）经常检查焊机的绝缘情况。

4）经常检查焊枪上的电缆、气管、水管等，发现问题及时更换。

5）经常检查供气系统和供水系统，发现问题及时更换。

第三节　手工钨极氩弧焊工艺

手工钨极氩弧焊采用氩气为保护气体。在焊接时钨极与焊件之间产生的电弧热量集中，弧柱温度非常高，电弧非常稳定。

一、电源种类、极性及焊接电流

手工钨极氩弧焊可以使用交流或直流两种电源。

1．直流正接　直流正接即钨极接弧焊电源的负极，焊件接弧焊电源的正极。焊接时电子向焊件高速冲击，这样钨极的发热量小，不易过热，因而可以采用较大的焊接电流。由于焊件的发热量大，因而熔深大，焊缝宽度较窄，生产率高。同时由于钨极为负极，热电子发射能力强'，电弧稳定而集中，因此大多数的金属焊接都采用直流正接。

2. 直流反接　直流反接即钨极接正极，焊件接负极。焊接时由于钨极受电子高速冲击，钨极温度高，钨极损耗快，寿命短，所以很少采用。但是它具有一种去除熔池表面氧化膜的作用，通常称为"阴极破碎"现象。当焊接铝、镁及其合金时，熔池表面会生成一层致密难熔氧化膜，如不及时消除，焊接时会形成未熔合，并使焊缝表面形成皱皮或内部产生气孔、夹渣。当采用直流反接时，被电离的正离子会高速地冲击作为负极的熔池，使熔池表面的氧化膜被击碎，因而能够得到表面光亮美观、无氧化膜、成形良好的焊缝。

3. 交流电源　交流手工钨极氩弧焊时，当焊件处于负半周时，同样会产生"阴极破碎"现象，可用来焊接铝、镁及其合金等易氧化金属，并且此时的钨极损耗要比直流反接小得多，所以一般选择交流手工钨极氩弧焊来焊接铝、镁及其合金等易氧化金属。

4. 焊接电流　手工钨极氩弧焊需根据焊件的材料与厚度来确定，焊接电流过大易引起咬边、烧穿等缺陷，焊接电流太小易产生未焊透。

二、焊前清理

为了确保手工钨极氩弧焊的质量，对材料表面清理有很高的要求。在焊接前应严格清除填充焊丝及焊件坡口和坡口两侧表面至少 20mm 范围内的油污、水分、灰尘、氧化膜等。否则在焊接过程中将影响电弧的稳定性，产生气孔和未熔合等缺陷。常用的清理方法如下：

1. 去除油污、灰尘　可以用有机溶剂擦洗，常用的有机溶剂有汽油、丙酮、三氯乙烯、四氯化碳等。

2. 机械清理氧化膜　此方法只适用于焊件。通常是用不锈钢丝或铜丝轮刷，将坡口及其两侧的氧化膜清除。

3. 化学清除氧化膜　依靠化学反应的方法去除焊丝或焊件表面的氧化膜，清洗溶液因材料而异。如铝及其合金常用质量分数为 10％的 NaOH 溶液或体积分数为 30％的 HNO$_3$ 溶液进行化学处理，再用清水冲洗后吹干。

三、坡口形式

手工钨极氩弧焊根据结构需要可进行各种接头的焊接，对接接头常用的坡口形式如图 6-7 所示。

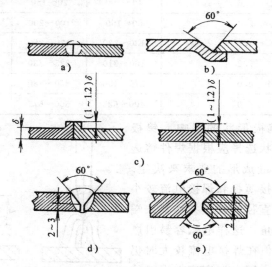

图 6-7　手工钨极氩弧焊对接接头的坡口形式
a) I 形坡口　b) 锁边坡口　c) 卷边坡口　d) Y 形坡口　e) X 形坡口

薄板对接接头可以用填丝、卷边焊接方法一次焊透。板厚大于 3mm 的可以开 V 形坡口，板厚大于 12mm 时，可以开 X 形坡口。

四、钨极的直径和形状

钨极的直径和形状对手工钨极氩弧焊过程的稳定性和焊缝成形影响很大。

1. 钨极直径的选择　钨极直径可根据焊件厚度、焊接电流大小和电源极性进行选择。当焊接电流超过允许值时，钨极就会强烈地发热并使其熔化和挥发，引起电弧不稳定和焊缝产生夹钨等缺陷。表 6-1 列出了不同钨极的许用电流值。

表 6-1　不同直径不同钨极的许用电流值

钨极种类 钨极直径/mm	最大允许焊接电流/A		
	纯钨极	钍钨极	铈钨极
1.0	20～60	15～80	20～80
1.6	40～100	70～150	50～160
2.0	60～150	100～200	100～200
2.5	130～230	170～250	170～250
3.2	160～310	225～330	225～330
4.0	275～450	350～480	350～480
5.0	400～625	500～675	500～675

2. 钨极形状的影响　钨极端头的形状选择应根据焊件熔透程度和焊缝成形的要求来决定。一般在焊接薄板和焊接电流较小时可用小直径的钨极并将其末端磨成尖锥角，这样电弧容易引燃和稳定。但在焊接电流较大时仍用尖锥角会因电流密度太大而使末端过热、熔化烧损，电弧斑点也会扩展到钨极末端的锥面上，使弧柱明显地扩散飘荡不稳定而影

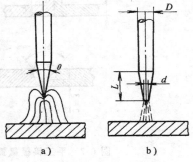

图 6-8　钨极末端的形状
a)末端呈尖锥形　b)末端呈平顶锥形

响焊缝成形。因此在大电流焊接时要求钨极末端磨成钝锥角或带有平顶的锥形，这样可以使电弧斑点稳定，弧柱扩散减小，对焊件的加热集中，焊缝成形良好，如图 6-8 所示。

末端呈尖锥形在相同的焊接电流下尖锥角的变化将影响焊缝的熔宽和熔深，θ 角小将引起弧柱扩散，导致焊缝熔深变小而熔宽

增加。随着 θ 角的增大，弧柱的扩散减小，导致熔深增大而熔宽减小，而且焊接电流越大上述变化越明显。

钨极末端呈平顶锥形，钨极直径与锥形直径之间的关系为：

$$L = (2 \sim 4)D$$
$$d = (1/3 \sim 1/4)D$$

式中　L——锥形长度；

　　　d——锥体最小直径；

　　　D——钨极直径。

当采用交流电源时，因钨极受热较快，其端部在焊接过程中会变成球状，因此就可以采用这种球状钨极。球状钨极使用时不必先磨好，只要将折断的钨极稍加修磨后装入焊枪进行焊接，焊接时被电弧烧成球状即可。

五、氩气保护效果

手工钨极氩弧焊时氩气连续地由喷嘴中流出，将周围的空气排开，将电弧和焊接区域保护起来。由于氩气保护层是柔性的，极易受外界因素干扰，其保护效果常受下列因素影响：

1. 氩气纯度　氩气的纯度对焊接质量影响很大，不纯的氩气易使焊缝氧化、氮化，使焊缝变脆变硬，破坏其气密性。不同的母材材质对氩气的纯度有不同的要求，化学性质活泼的金属和合金对氩气的纯度要求较高。表 6-2 是不同焊件材质手工钨极氩弧焊时对氩气纯度的要求。

表 6-2　不同母材材质对氩气纯度的要求

母　材　材　质	氩气纯度（体积分数）
不锈钢	>99.7%
铝、镁及其合金	>99.9%
耐高温合金	>99.95%
钛、钼、铌、锆及其合金	>99.98%

2. 氩气流量　当喷嘴直径一定，氩气流量增加时，氩气保护层抵抗流动空气影响的能力也增加。若氩气流量过大，不仅浪费氩气，而且使保护层产生紊流，反会使空气卷入，降低保护效果。

另外当氩气的流量过大时，带走电弧区的热量也多，不利于电弧稳定燃烧，所以氩气流量要选择适当。

3. 喷嘴直径　喷嘴直径与氩气流量同时增加，则扩大保护区，保护效果更好，但喷嘴直径过大时不仅增加氩气的消耗，而且对有些位置，可能因喷嘴过大而不易焊接或影响焊工视线，因此常用的喷嘴直径取 8～20mm 为宜。

4. 焊接速度　氩气保护层是柔性的，当遇到侧向空气吹动或焊接速度过快，则氩气气流会弯曲，使保护效果减弱。另外由于焊接速度太快，会使正在凝固和冷却的焊缝金属和母材金属被氧化。因此用手工钨极氩弧焊焊接时应注意气流的干扰以及合适的焊接速度。

5. 喷嘴至焊件的距离　喷嘴与焊件越远，则空气越容易沿焊件的表面侵入熔池，保护气层也会受到流动空气的影响而发生摆动，使气体的保护效果降低。喷嘴与焊件的距离越近，保护效果越好，但是太近将影响焊工的视线，因此通常喷嘴至焊件的距离取 5～15mm。

6. 焊接接头形式　不同的接头形式会使气体产生不同的保护效果，如图 6-9 所示，焊接对接接头和 T 形接头时，由于氩气被挡住并反射回来，所以保护效果较好；焊接搭接接头和角接接头时，空气容易侵入电弧区，保护效果差，可在焊接区域设置临时挡板，以改进保护条件，如图 6-10 所示。

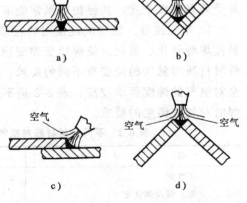

图 6-9　不同接头形式的氩气保护效果

a) 对接接头　b) T 形接头

c) 搭接接头　d) 角接接头

对于一些重要的焊件，由于要求较高，在焊接时为更有效地

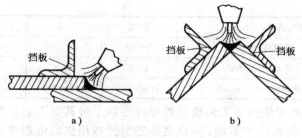

图 6-10　手工钨极氩弧焊时的临时挡板

a）搭接接头　b）角接接头

保护焊接接头，通常对焊件的背面也进行氩气保护。例如，在焊接管道时可在管子内通氩气；在焊接不锈钢、铝及铝合金等焊件时，可在背面采用氩气罩的方式进行保护。通常氩气的保护效果可以根据焊缝的表面色泽和是否有气孔等来判断。焊接不锈钢或钛合金时的焊缝表面色泽见表 6-3。

表 6-3　焊缝表面色泽观察表

母材材质	最好	良好	较好	不良	不好
不锈钢	银白或金黄	蓝色	红灰	灰色	黑色
钛合金	亮银白色	橙黄色	蓝紫色	青灰色	粉白色

综上所述，手工钨极氩弧焊应根据母材材质及结构等情况，合理地选择焊接参数。表 6-4 列出了用手工钨极氩弧焊焊接碳素钢和低合金钢的常用焊接参数。

表 6-4　手工钨极氩弧焊焊接碳素钢和低合金钢的焊接参数

焊件厚度/mm	1.5～3.0	3.0～6.0	6.0～12
坡口形式	I 形	V 形	X 形
焊接电流/A	50～110	70～130	90～150
电弧电压/V	9～13	9～14	10～15
电源极性	直流正接		
钨极直径/mm	1.6～2.5	1.6～2.5	2.0～3.2
焊丝直径/mm	1.6～2.0	2.0～2.5	2.5～3.0

（续）

氩气流量/（L/min）	6～9	7～10	9～14
喷嘴直径/mm	8～12	10～15	12～18
伸出长度/mm	3～5	3～5	3～6
焊接速度/（mm/min）	150～210	150～210	150～210

另外在使用手工钨极氩弧焊时还需了解其如下的工艺特点：

1）引弧比较困难，特别是冷态引弧或用交流电源焊接时的重复引弧困难。

2）当使用的电流种类及电源极性不同时，钨极的许用电流、对焊件的加热、阴极破碎作用以及对焊缝成形的影响是不同的。

3）使用交流电弧时由于电源极性的频繁变换，存在重复引弧和整流作用的问题，因此需选用适宜稳弧和消除直流分量的装置。

六、钨极脉冲氩弧焊

钨极脉冲氩弧焊是利用基值电流保持主电弧的电离通道，并周期性地加一同极性高峰值脉冲电流产生脉冲电弧，以熔化金属并控制熔滴过渡的氩弧焊称为脉冲氩弧焊。

普通氩弧焊的焊接电源输送出均匀的焊接电流向电弧供电，脉冲氩弧焊则是人为地使焊接电源输出按一定规律变化的焊接电流，向电弧区进行供电。脉冲氩弧焊是在普通氩弧焊的基础上发展起来的。整个焊接电流由基值电流和脉冲电流两部分组成。基值电流维持电弧的燃烧，脉冲电流产生脉冲电弧，以熔化金属、进行焊接。

钨极脉冲氩弧焊的焊接过程是：每次脉冲电流作用时，在电弧下产生一个熔池，基值电流作用时，熔池凝固而形成焊点。下一次脉冲作用时，在已凝固焊点的部分面积和母材上产生一个熔池，基值电流作用时，又凝固形成下一个焊点，与前一个焊点搭接，如此周而复始地重复下去，就形成一条由许多焊点搭接而成的焊缝。脉冲电流的大小及其作用时间的长短，决定熔池体积大小和熔深，基值电流的作用是保证在两次脉冲焊接电流之间，电弧不至于熄灭，在每次脉冲电流作用时，不需要重新引燃电弧，使焊接过程稳定。为了控制熔池，基值电流应保持在尽量小的数值，使基值电流作用时间大于脉冲电流时间。

钨极脉冲氩弧焊的特点及应用范围：

1）适用于热敏感性材料的焊接，如镍铬合金、钛合金等热敏感性材料，可以通过脉冲参数的控制，提供较合适的焊接参数，使焊缝及热影响区都能满足强度要求，并消除热裂纹、冷裂纹和气孔等缺陷。

2）焊接电流的调节范围很宽，包括从短路过渡到喷射过渡的所有电流区域。普通钨极氩弧焊焊接厚度在 0.8mm 以下的焊件时很困难，而用钨极脉冲氩弧焊，可以焊接厚度仅为 0.1mm 的焊件。

3）可用于全位置焊接和较容易地实现全位置焊接工作的自动化。

4）目前 I 形坡口可以一次焊透 5mm 的小直径管道，背面成形良好。钨极脉冲氩弧焊可以加填充焊丝或不加填充焊丝。

第四节 手工钨极氩弧焊操作技术

一、基本操作技术

1. 焊丝、焊枪与焊件之间的角度 用手工钨极氩弧焊焊接时，焊枪、焊丝与焊件之间必须保持正确的相对位置，这由焊件形状等情况来决定。平焊位置手工钨极氩弧焊焊枪、焊丝与焊件的角度如图 6-11 所示。

焊枪与焊件的夹角过小，会降低氩气的保护效果；夹角过大，操作及填加焊丝比较困难。手工钨极氩弧焊焊接环缝时焊枪、焊丝与焊件的角度如图 6-12 所示，角焊缝时的如图 6-13 所示。

2. 引弧 手工钨极氩弧焊的引弧方法有接触短路引弧、高频高压引弧和高压脉冲引弧三种。

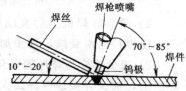

图 6-11 平焊位置手工钨极氩弧焊焊枪、焊丝与焊件的角度

接触短路法是采用钨极末端与焊件表面近似垂直（70°～85°）接触后，立即提起引弧。这种方法在短路时会产生较大的短路电流，从而使钨极端头烧损、形状变坏，在焊接过程中使电弧分散，甚至飘移，影响焊接过程的稳定，甚至引起夹钨。

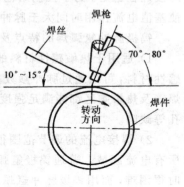

高频高压引弧和高压脉冲引弧是在焊接设备中装有高频或高压脉冲装置，引弧后高频或高压脉冲自动切断。这种方法操作简单，并且能保证钨极末端的几何形状，容易保证焊接质量。

图 6-12　手工钨极氩弧焊焊接
环缝时焊枪、焊丝
与焊件的角度

3. 熄弧　熄弧时如操作不当，会产生弧坑，从而造成裂纹、烧穿、气孔等缺陷。操作时可采用如下方法熄弧：

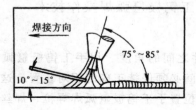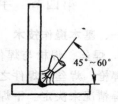

图 6-13　手工钨极氩弧焊焊接角焊缝时焊
枪、焊丝与焊件的角度

1）调节好焊机上的衰减电流值，在熄弧时松开焊枪上的开关，使焊接电流衰减，逐步加快焊接速度和填丝速度然后熄弧。

2）减小焊枪与焊件的夹角，拉长电弧使电弧热量主要集中在焊丝上，加快焊接速度并加大填丝量，弧坑填满后熄弧。

3）环形焊缝熄弧时，先稍拉长电弧，待重叠焊接 20～30mm，不加或加少量的焊丝，然后熄弧。

4. 焊枪的运行形式　手工钨极氩弧焊的焊枪一般只做直线移动，同时焊枪移动速度不能太快，否则影响氩气的保护效果。

（1）直线移动　直线移动有三种方式：直线匀速移动、直线断续移动和直线往复移动。

1）直线匀速移动是指焊枪沿焊缝做直线、平稳和匀速移动，适合不锈钢、耐热钢等薄板的焊接，其特点是焊接过程稳定，保护效果好。这样可以保证焊接质量的稳定。

2）直线断续移动是指焊枪在焊接过程中需停留一定的时间，以保证焊透，即沿焊缝做直线移动过程是一个断续的前进过程。其主要应用于中厚板的焊接。

3）直线往复移动是指焊枪沿焊缝做往复直线移动，其特点是控制热量和焊缝成形良好，这样可以防止烧穿。主要用于焊接铝及其合金的薄板。

（2）横向摆动　它是为满足焊缝的特殊要求和不同的接头形式而采取的小幅摆动，常用的有三种形式：圆弧之字形摆动、圆弧之字形侧移摆动和 r 形摆动。

圆弧之字形摆动时焊枪横向划半圆，呈类似圆弧之字形往前移动，如图 6-14a 所示。这种方法适用于大的 T 形接头、厚板的搭接接头以及中厚板开坡口的对接接头。操作时焊枪在焊缝两侧停留时间稍长些，在通过焊缝中心时运动速度可适当加快，从而获得优质焊缝。

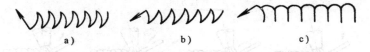

a)　　　　　　　　b)　　　　　　　　c)

图 6-14　手工钨极氩弧焊焊枪横向摆动示意图

a）圆弧之字形摆动　b）圆弧之字形侧移摆动　c）r 形摆动

圆弧之字形侧移摆动是焊枪在焊接过程中不仅划圆弧，而且呈斜的之字形往前移动，如图 6-14b 所示。这种方法适用于不平齐的角接头。操作时使焊枪偏向突出的部分，焊枪做圆弧之字形侧移运动，使电弧在突出部分停留时间增加，以熔化突出部分，不加或少加填充焊丝。

r 形摆动是焊枪的横向摆动呈类似 r 形的运动，如图 6-14c 所示。这种方法适用于不等厚板的对接接头。操作时焊枪不仅作 r 形运动，而且焊接时电弧稍偏向厚板，使电弧在厚板一边停留时间稍长，以控制两边的熔化速度，防止薄板烧穿而厚板未焊透。

5. 焊丝送丝方法　填充焊丝的加入对焊缝质量的影响很大。若送丝过快，焊缝易堆高，氧化膜难以排除；若送丝过慢，焊缝易出现咬边或下凹。所以送丝动作要熟练。常用的送丝方法有两种方法：指续法和手动法。

（1）指续法　将焊丝夹在大拇指与食指、中指中间，靠中指和无名指起撑托作用，当大拇指将焊丝向前移动时，食指往后移动，然后大拇指迅速擦焊丝的表面往后移动到食指的地方，大拇指再将焊丝向前移动，如此反复将焊丝不断地送入熔池中。这种方法适用于较长的焊接接头。

（2）手动法　将焊丝夹在大拇指与食指、中指的之间，手指不动，而是靠手或手臂沿焊缝前后移动和手腕的上下反复运动将焊丝送入熔池中。该方法应用比较广泛。按焊丝送入熔池的方式可分为四种：压入法、续入法、点移法和点滴法。

压入法如图 6-15a 所示，用手将焊丝稍向下压，使焊丝末端紧靠在熔池边沿。该方法操作简单，但是因为手拿焊丝较长，焊丝端头不稳定易摆动，造成送丝困难。

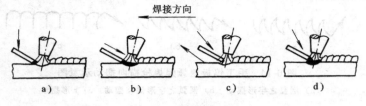

图 6-15　焊丝加入法
a）压入法　b）续入法　c）点移法　d）点滴法

续入法如图 6-15b 所示，将焊丝末端伸入熔池中，手往前移动，使焊丝连续加入熔池中。该方法适用于细焊丝或间隙较大的接头，但不易保证焊接质量，很少采用。

点移法如图 6-15c 所示，以手腕上下反复动作和手往后慢慢移动，将焊丝逐步加入熔池中。采用该方法时由于焊丝的上下反复运动，当焊丝抬起时在电弧作用下，可充分地将熔池表面的氧化膜去除，从而防止产生夹渣，同时由于焊丝填加在熔池的前部边缘，有利于减少气孔。因此应用比较广泛。

点滴法如图 6-15d 所示，焊丝靠手的上下反复主动作，将焊丝熔化后的熔滴滴入熔池中。该方法与点移法的优点相同，所以比较常用。

6. 左焊法和右焊法　　如图 6-16 所示，手工钨极氩弧焊根据焊枪的移动方向及送丝位置分为左焊法和右焊法。

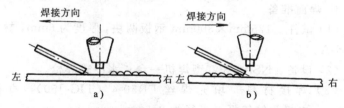

图 6-16　手工钨极氩弧焊左焊法和右焊法示意图

a) 左焊法　b) 右焊法

（1）左焊法　焊接过程中焊接热源（焊枪）从接头右端向左端移动，并指向待焊部分的操作法称为左焊法。左焊法焊丝位于电弧前面。该方法便于观察熔池。焊丝常以点移法和点滴法加入，焊缝成形好，容易掌握。因此应用比较普遍。

（2）右焊法　在焊接过程中焊接热源（焊枪）从接头左端向右端移动，并指向已焊部分的操作法称为右焊法。右焊法焊丝位于电弧后面。操作时不易观察熔池，较难控制熔池的温度，但熔深比左焊法深，焊缝较宽，适用于厚板焊接，但比较难掌握。

二、各种位置焊接的特点

1. 平焊　平焊时要求运弧和焊丝送进配合协调、动作均匀，适合各种厚度和材料的焊接，根据焊件的厚度不同开相应的坡口，焊枪可做圆弧之字形运动或直线运动。当焊接不等厚的焊件时，电弧稍偏向厚板一边，焊枪可做直线或 r 形运动。如根部间隙较大时，可减少焊枪与焊件之间的夹角，加快焊接速度和送丝速度。

2. 立焊　立焊时为了防止熔池金属和熔滴向下淌，应控制熔池的温度，选用较小焊接电流和较细的填充焊丝，电弧不宜拉得太长，焊枪下倾角度不能太小，否则会引起各种焊接缺陷。

3. 横焊　横焊比较容易掌握，但必须注意在操作时，掌握好焊枪的水平角度和焊丝送进的角度。

4. 仰焊　仰焊难度较大，为了避免熔池金属和熔滴在重力作用下产生下淌，在操作时焊接电流要小，焊接速度要快，坡口和根部间隙要适当小。

三、薄板 V 形坡口平焊位置单面焊双面成形

1. 焊前准备

（1）试件　125mm×300mm 钢板两块，厚度为 6mm，材料为 Q235-A。

（2）设备　NSA4-300 型焊机一台；水冷式焊枪。

（3）焊接材料　填充焊丝 ER50-4（TIG-J50），直径为 2.0mm；电极为铈钨极，直径为 2.5mm。

（4）辅助工具　角向磨光机、錾子、钢丝刷和焊缝量尺。

2. 装配

1）按图 6-17 所示加工试件坡口，清除焊丝和试件坡口表面及其正背两侧 20mm 范围内的油、水、锈等污物，试件坡口表面及其正背两侧 20mm 范围还需打磨至露出金属光泽，然后再用丙酮进行清洗。

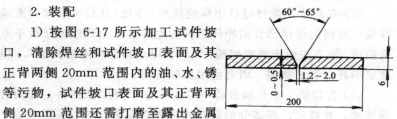

图 6-17　薄板 V 形坡口
对接试件示意图

2）根部间隙为 1.2～2.0mm，反变形角度为 3°，对接边缘偏差 ≤0.6mm。按表 6-5 中打底层的焊接参数在试件背面两端进行定位焊接，定位焊缝长度为 10～15mm。

3. 焊接参数（表 6-5）。

表 6-5   薄板 V 形坡口水平位置手工钨极氩弧焊焊接参数

焊接层次	焊接电流 /A	电弧电压 /V	氩气流量 / (L/min)	伸出长度 /mm	喷嘴直径 /mm
打底层	70～100	9～12	7～9	4～5	
填充层	90～110	10～13	7～9	4～5	8～12
盖面层	100～120	11～14	7～9	4～5	

4．焊接操作

1）将装配好的试件让其间隙大的一端处于左侧，按表 6-5 中打底焊的焊接参数调节好设备，在试件的右端开始引弧。引弧用较长的电弧（弧长约为 4～7mm），使坡口处预热 4～5s，当定位焊缝左端形成熔池，并出现熔孔后开始送丝。焊丝、焊枪与焊件的角度如图 6-18 所示。

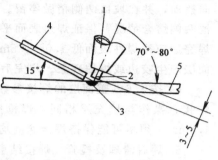

图 6-18   薄板对接手工钨极氩弧焊时
焊枪、焊丝与焊件的夹角示意图
1—喷嘴   2—钨极   3—熔池
4—焊丝   5—焊件

2）焊接打底层时，采用较小的焊枪倾角和较小的焊接电流，而焊接速度和送丝速度较快，以免使焊缝下凹和烧穿，焊丝送入要均匀，焊枪移动要平稳，速度要一致，焊接时要密切注意焊接熔池的变化，随时调节有关参数，保证背面焊缝良好成形。当熔池增大焊缝变宽并出现下凹时，说明熔池温度过高，应减小焊枪与焊件夹角，加快焊接速度；当熔池减小时说明熔池温度较低，应增加焊枪与焊件的倾角，减慢焊接速度。

3）当更换焊丝时，松开焊枪上的按钮开关，停止送丝，借助焊机的焊接电流衰减熄弧，但焊枪仍须对准熔池进行保护，待其冷却后才能移开焊枪。然后检查接头处弧坑质量，若有缺陷时，则须将缺陷磨掉，并使其前端成斜面，然后在弧坑右侧 15～20mm 处引弧，并慢慢向左移动，待弧坑处开始熔化并形成熔池和熔孔后，开始送进焊丝进行正常焊接。

4）当焊至试件左端时，应减小焊枪与焊件夹角，使热量集中在焊丝上，加大焊丝熔化量，以填满弧坑，松开焊枪按钮，借助焊机的焊接电流衰减熄弧。

5）按表 6-5 中填充层的焊接参数，调节好设备进行填充层的焊接，其操作与焊打底层相同。焊接时焊枪可做圆弧之字形的横向摆动，并在坡口两侧稍做停留。在试件右端开始焊接，注意熔池两侧熔合情况，保证焊道表面平整并且稍下凹，填充层的焊道焊完后应比焊件表面低 1.0～1.5mm，以免坡口边缘熔化，导致盖面层产生咬边或焊偏现象。焊完后须清理干净焊道表面。

6）按表 6-5 盖面层的焊接参数调节好设备，在试件右端开始焊接，操作与填充层相同。焊枪摆动幅度应超过坡口边缘 1～1.5mm，须尽可能保持焊接速度均匀，熄弧时须填满弧坑。

5. 焊后清理及检验　焊接结束后，关闭设备，用钢丝刷清理焊缝表面；目测或用放大镜观察焊缝表面是否有气孔、裂纹、咬边等缺陷；用焊缝量尺测量焊缝外观成形尺寸。

上述工作完成后进行无损检测和力学性能检验。

四、插入式板-管 T 形接头的垂直俯位焊

1. 焊前准备

（1）试件　$\phi51mm \times 5mm$ 管子一根，长度100mm，材料为20钢；100mm×100mm 钢板一块，厚度为12mm，材料为 Q235-A，在板上加工一个 $\phi52mm$ 孔。

（2）设备　NSA4-300 型焊机一台；水冷式焊枪。

（3）焊材　填充焊丝为 ER50-4 (TIG-J50)，直径为 2.0mm；电极为铈钨极，直径为 2.5mm。

（4）辅助工具　角向磨光机、錾子、钢丝刷和焊缝量尺。

2. 装配

1）清除管子待焊端 40mm 处和板件孔壁及其周围 20mm 范围内的油、污、水、锈等，并打磨直至露出金属光泽。用丙酮将焊件与焊丝清洗干净。

2）按图 6-19 所示进行装配，并定位焊一处，定位焊缝长度为 10～15mm，焊接参数同表 6-6，要求焊透并且不能有各种焊接缺陷。

3．焊接参数（表 6-6）

4．焊接操作

1）按表 6-6 调节好设备，在定位焊缝相对应的位置引弧，焊枪稍做摆动，待焊脚的根部两侧均匀熔化并形成熔池后，开始送进焊丝。采用单道左焊法，即从右向左沿管子外圆焊接。焊枪角度如图 6-20 所示。

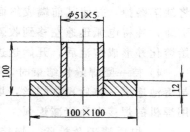

图 6-19　插入式管板手工钨极氩弧焊垂直俯位焊的试件

表 6-6　插入式管板垂直俯位手工钨极氩弧焊的焊接参数

焊接层次	焊接电流 /A	电弧电压 /V	氩气流量 /（L/min）	伸出长度 /mm	喷嘴直径 /mm
单层单道	70～100	11～13	6～8	3～4	8～12

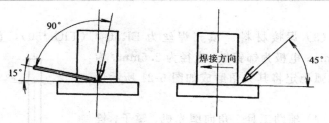

图 6-20　管板垂直俯位手工钨极氩弧焊的焊枪角度示意图

2）在焊接过程中，电弧以焊脚根部为中心线做横向摆动，幅度要适当，当管子和孔板熔化的宽度基本相同时，焊脚才能对称。为防止咬边，电弧应稍偏离管壁，并从熔池上方填加焊丝，使电弧热量偏向孔板。

3）当更换焊丝时，松开焊枪上的按钮开关，停止送丝，借助焊机的焊接电流衰减熄弧，但焊枪仍须对准熔池进行保护，待其冷却后才能移开焊枪。检查接头处弧坑质量，若有缺陷时，则须将缺陷磨掉，并使其前端成斜面，然后在弧坑右侧 15～20mm 处引弧，并将电弧迅速左移到收弧处，先不加填充焊丝，待焊处开始熔化并形成熔池后，开始送进焊丝进行正常焊接。

4）待一圈焊缝快结束时，停止送丝，待原来的焊缝金属熔化与熔池连成一体后再加焊丝，填满熔池后松开焊枪上的按钮，利用焊机的焊接电流衰减熄弧。

5. 焊后清理及检验　焊接结束后，先用钢丝刷清理焊缝表面；然后目测或用放大镜观察焊缝表面，不能有裂纹、气孔、咬边等缺陷；用焊缝量尺测量焊缝的焊脚尺寸；然后进行无损检测和解剖试件做宏观金相检验。

五、小直径管子 V 形坡口水平转动单面焊双面成形

1. 焊前准备

（1）试件　$\phi42mm\times3mm$ 管子两根，长度 100mm，材料为 20 钢。

（2）设备　NSA4-300 型焊机一台；水冷式焊枪；焊接变位器一台。

（3）焊接材料　填充焊丝为 ER50-4（TIG-J50），直径为 2.0mm；电极为铈钨极，直径为 2.5mm。为使电弧稳定将其夹角磨成如图 6-21 所示形状。

（4）辅助工具　角向磨光机、錾子、锉刀、金钢砂纸、钢丝刷、焊缝量尺和通球。

2. 装配

1）按图 6-22 加工试件坡口，清除管子坡口及其端部内外表面 20mm 范围内的油、污、水、锈等，并打磨直至露出金属光泽。用丙酮清洗焊件和焊丝表面。

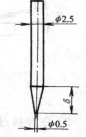

图 6-21　钨极端部
形状示意图

2）按图 6-22 所示，根部间隙为 1.2～2.0mm，对接边缘误差 ≤0.5mm。按表 6-7 的打底层焊接参数进行定位焊接一点，焊缝长度为 10～15mm，定位焊应保证焊透并无各种缺陷，并将定位焊缝两端磨成斜坡。

3．焊接参数（表 6-7）

表 6-7　管子水平转动手工钨极氩弧焊的焊接参数

焊接层次	焊接电流 /A	电弧电压 /V	氩气流量 /（L/min）	伸出长度 /mm	喷嘴直径 /mm
打底层	70～100	9～12	6～8	3～4	8～12
盖面层	70～100	10～13	6～8	3～4	8～12

4．焊接操作

1）按表 6-7 打底层焊接参数调节好设备，将装配好的试件装夹在焊接变位器上，使定位焊缝处于 6 点钟的位置（时钟位置）。在 12 点钟处引弧，管子不转动也不填加焊丝，待管子坡口处开始熔化并形成熔池和熔孔后开始转动管子，并填加焊丝。

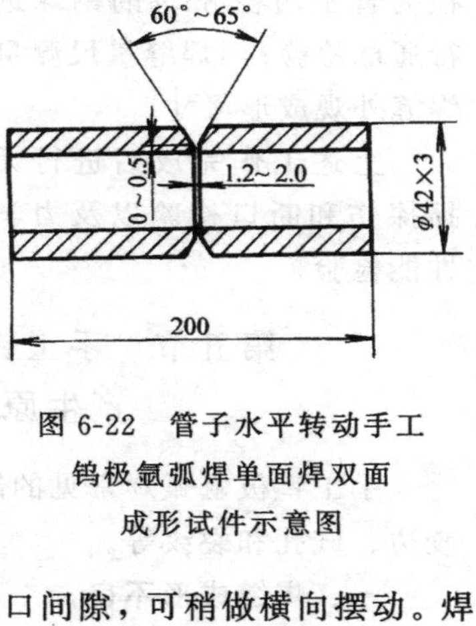

图 6-22　管子水平转动手工钨极氩弧焊单面焊双面成形试件示意图

2）在焊接过程中，焊枪、焊丝与管子的角度如图 6-23 所示，电弧始终保持在 12 点钟位置，并对准坡口间隙，可稍做横向摆动。焊接过程中应保证管子的转速平稳。

3）当焊至定位焊缝处时，应松开焊枪上的按钮开关，停止送丝，借助焊机的焊接电流衰减装置熄弧，但焊枪仍须对准熔池进行保护，待其冷却后才能移开焊枪。然后检查接头处弧坑质量，若有缺陷时，则须将缺陷磨掉，并使其前端成斜面，然后在斜面处引弧，管子暂时不转动并先不加填充焊丝，待焊缝开始熔化并形成熔池后，开始送进焊丝进行接头正常焊接。

4）当焊完一圈，打底焊快结束时，先停止送丝和管子转动，待起弧处焊缝头部开始熔化时，再填加焊丝，填满接头处再熄弧，并将打底层清理干净。

5）按表 6-7 盖面层焊接参数调节好设备，操作与焊打底层基本相同，焊枪摆动幅度略大，使熔池超过坡口棱边 0.5～1.5mm，以保证坡口两侧熔合良好。

5. 焊后清理及检验 焊接结束后，关闭设备，用钢丝刷清理焊缝表面；目测或用放大镜观察焊缝表面是否有气孔、裂纹、咬边等缺陷；用直径为管子内径 85% 的钢球进行通球检验；用焊缝量尺测量焊缝外观成形尺寸。

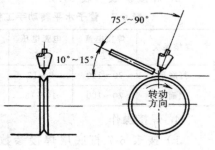

图 6-23 管子水平转动手工钨极氩弧焊焊枪、焊丝的角度示意图

上述工作完成后进行无损探伤和断口检验以及力学性能检验。

第五节 手工钨极氩弧焊常见缺陷的产生原因及防止措施

手工钨极氩弧焊常见的缺陷有焊缝成形不良、烧穿、未焊透、咬边、气孔和裂纹等。

一、焊缝成形不良

焊缝成形不良主要表现为外形尺寸超过规定的范围、高低宽窄不一、背面下凹等。焊缝成形差会影响焊接接头的强度，并造成应力集中等危害。

主要原因为：焊接参数选择不当；操作不熟练；送丝方法不当或不熟练；焊枪运走不均匀；熔池温度控制不好等。

防止措施为：选择适当的焊接参数；提高操作技能。

二、烧穿

在焊接过程中熔化金属自坡口背面流出形成穿孔的缺陷，称为烧穿。主要原因为：焊接电流太大；熔池温度过高；焊件根部间隙太大；送丝不及时；焊接速度太慢等。

防止措施：选择正确的焊接参数；保证焊件的装配质量；提高操作技能。

三、未焊透

未焊透产生的原因为：焊接电流太小；焊接速度太快；焊件的根部间隙太小；焊件的坡口角度太小及钝边太大；电弧过长或焊偏；焊前清理不干净；操作技术不熟练。

防止措施：选择正确的焊接参数；保证焊件坡口加工质量和合适的根部间隙；正确控制熔池的温度；提高操作技能。

四、咬边

咬边产生的原因：焊接速度过快，熔化金属冷却过快；焊接电流太大；焊枪角度不当；焊缝正面氩气流量太大；钨极磨的过尖；送丝速度过慢。

防止措施：选择正确的焊接参数；正确地掌握熔池温度；合理地填加焊丝；提高操作技能。

五、气孔

气孔产生的原因：焊件、焊丝表面清理不干净；氩气纯度不高；气体保护不良；操作不当。

防止措施：严格清理焊件、焊丝表面；氩气质量要好；检查供气系统并确保气路畅通；提高操作技能。

六、裂纹

主要原因：焊件或焊丝中 C、S 含量高，Mn 含量低，在焊接过程中容易产生热裂纹；焊件、焊丝表面清理不干净；焊接参数选择不当，如熔深大而熔宽窄，以及焊接速度快，使熔化金属冷却速度增加；焊件结构刚度过大也会产生裂纹。

防止措施：严格控制焊件及焊丝的 P、S 等含量；严格清理焊件表面；选择合理的焊接参数；对结构刚度较大的焊件可更改结构或采取焊前预热、焊后消氢处理。

复 习 思 考 题

1. 手工钨极氩弧焊有哪些特点？

2. 手工钨极氩弧焊各种电源种类和极性在使用中有什么特点？

3. 手工钨极氩弧焊的焊接参数主要有哪些？

4. 手工钨极氩弧焊设备主要由哪几部分组成？

5. 手工钨极氩弧焊采用什么引弧方式？用接触短路引弧法有什么缺点？

6. 焊件表面清理有什么意义？如何清理？

7. 手工钨极氩弧焊为保证质量须注意哪些方面？

8. 手工钨极氩弧焊主要有哪些缺陷？

9. 在手工钨极氩弧焊时，氩气有什么作用？

10. 在手工钨极氩弧时为什么要提前送气和滞后送气？

11. 采用钨极氩弧焊时，焊接碳素钢、低合金钢和不锈钢时一般用直流正接，而焊接铝及其合金时常用交流电源，这是为什么？

12. 手工钨极氩弧焊的焊枪喷嘴有何作用？如何选择？

13. NSA4-400 型焊机当使用水冷系统时，对冷却水有何要求？

14. 钨极的材料、直径和形状如何选择？

15. 若手工钨极氩弧焊时氩气不纯有什么危害？氩气纯度如何选择？

16. 焊接时是否氩气流量越大越好？为什么？

17. 焊接时是否选择喷嘴直径越大越好？为什么？

18. 在焊接不锈钢时如何判断气体保护效果？

19. 在焊接角焊缝时为提高保护效果可采取什么措施？

20. 在手工钨极氩弧焊操作时，如何避免弧坑的产生？

21. 手工钨极氩弧焊的左焊法与右焊法各有什么特点？

22. 采用脉冲钨极氩弧焊焊接小直径薄壁管时，需开什么形状坡口？

23. 采用手工钨极氩弧焊焊接管子环缝时，为提高氩气保护效果可采取什么措施？

24. 采用手工钨极氩弧焊焊接不锈钢薄板时，为提高氩气保护效果可采取什么措施？

25. 试述手工钨极氩弧焊与焊条电弧焊在平板开 V 形坡口对接单面焊双面成形的打底层焊接中的特点？

26. 手工钨极氩弧焊时，如产生气孔，这是为什么？如何处理？

27. 手工钨极氩弧焊时，填充焊丝是否要清理？为什么？如何清理？

28. 为提高手工钨极氩弧焊的焊接质量，焊工平时应做什么？

第七章　二氧化碳气体保护焊

培训要求　了解二氧化碳气体保护焊焊接原理，熟悉设备构造；掌握二氧化碳气体保护焊的工艺及操作技能。

第一节　概　　述

二氧化碳气体保护焊（简称 CO_2 焊）是采用 CO_2 气体作为保护介质，焊接时 CO_2 气体通过焊枪的喷嘴，沿焊丝周围喷射出来，在电弧周围形成气体保护层，机械地将焊接电弧及熔池与空气隔离开来，从而避免了有害气体的侵入，保证焊接过程的稳定，以获得优质的焊缝，其工作原理如图 7-1 所示。

二氧化碳气体保护焊与其它焊接方法相比具有以下优点：

1）采用明弧，施焊部位的可见度好，便于对中，操作方便。

2）CO_2 气体价格低，焊接成本低于其它焊接方法，约相当于埋弧焊和焊条电弧焊的 40% 左右。

3）CO_2 气体保护焊可以采用较大的焊接电流密度，使焊丝熔化速度快；焊接时又无焊渣，减小了清渣工作量，所以生产率高。

4）CO_2 气体保护焊电弧加热集中，焊件受热面积小，加上气流的冷却作用，可减小焊接应力和变形，解决薄板的烧穿和变形问题。

5）有较强的抗锈能力，焊缝含氢量低，抗裂性能好。

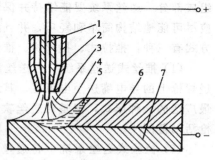

图 7-1　CO_2 气体保护焊的工作原理
1—焊丝　2—喷嘴　3—电弧　4—气体保护层
5—熔池　6—焊缝　7—焊件

6）适用范围广，既适用于薄板焊接，又适用于中、厚板以及全位置的焊接。

二氧化碳气体保护焊也存在如下一些缺点：

1）焊接时飞溅较大，焊缝表面成形较差，焊接设备较复杂。

2）防风能力差，不能在有风的场所使用。

二氧化碳气体保护焊的形式按焊丝直径分为：直径 0.5～1.6mm 的细丝 CO_2 气体保护焊和直径大于 1.6mm 的粗丝 CO_2 气体保护焊。

由于上述特点，CO_2 气体保护焊在汽车制造业、船舶制造业、机车车辆、石油化工、冶金工业及工程机械等行业得到了广泛的应用。

第二节　二氧化碳气体保护焊设备

一、CO_2 气体保护焊设备的组成

CO_2 气体保护焊的设备主要由焊接电源、送丝系统、焊枪、供气系统和控制系统等组成。

1. 焊接电源　CO_2 气体保护焊的电源均为直流，具有平硬外特性曲线。

2. 送丝系统　在 CO_2 气体保护焊中送丝系统是焊机的重要组成部分。送丝系统要能维持并保证送丝均匀和平稳，送丝机构应尽可能地结构简单和轻巧，并且维修及使用方便。常用的送丝方式有三种：推拉式、拉丝式、推丝式，如图 7-2 所示。

（1）推丝式送丝系统　由送丝滚轮将焊丝推入送丝软管，再经焊枪上的导电嘴送至电弧区。其结构简单，轻巧，是目前应用最广泛的一种形式，但是对送丝软管的要求较高且不宜过长，焊枪活动范围小。

（2）拉丝式送丝系统　将送丝机构和焊丝盘都装在焊枪上，焊枪结构复杂，比较笨重，但焊枪活动范围大，适用于细丝焊接。

（3）推拉式送丝系统　由安装在焊枪中的拉丝电机和送丝装置内的推丝电机两者同步运转来完成，结构复杂，送丝稳定，送

丝软管可达 20~30m，焊枪活动范围大。

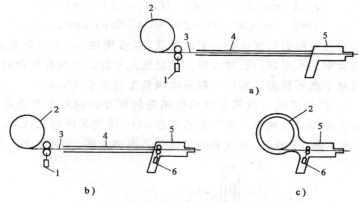

图 7-2　CO_2 气体保护焊的送丝方式示意图

a）推丝式　b）推拉式　c）拉丝式

1—送丝电机　2—焊丝盘　3—焊丝　4—送丝软管

5—焊枪　6—拉丝电机

　　送丝系统由送丝电机、送丝滚轮、压紧机构、送丝软管和减速器等组成。

　　3. 焊枪　焊枪的主要作用是向熔池和电弧区输送保护气流和稳定可靠地向焊丝导电。焊枪应结构紧凑，操作方便，连接件易损件便于更换。焊枪的主要易损件有导电嘴和喷嘴。

　　喷嘴一般为圆柱形，以使 CO_2 气流从喷嘴中流出有一定挺度的层流，可以对焊接电弧区起到良好的保护作用。喷嘴应与导电部分绝缘，以免打弧。为防止飞溅金属颗粒的粘附和易于清除，喷嘴应采用导热性好、表面粗糙度好的纯铜，在实际使用中为减少飞溅粘附在喷嘴上还在喷嘴表面涂以硅油。

　　对导电嘴的要求较高，首先要求其材料导电性能好、耐磨性能好、熔点要高，所以一般采用纯铜。另外导电嘴的孔径和长度也有严格的要求，孔径过小，送丝阻力会较大地影响焊接过程的稳定；孔径过大，焊丝在孔内接触位置不固定，焊丝送出导电嘴后会偏移或摆动，使焊接过程不稳定，严重时会使焊丝与导电嘴起弧而粘结烧损。孔径（D）与焊丝直径（d）的关系式如下：

$$d < 2.0 \text{mm 时，} D = d + (0.1 \sim 0.3) \text{mm;}$$

$$d = 2 \sim 3 \text{mm 时，} D = d + (0.4 \sim 0.6) \text{mm.}$$

对导电嘴的长度也有一定的要求，长度增加，导电性能变好，但送丝阻力也增加；长度太短，导电性能不好，尤其在磨损后会使焊接电弧不稳定。所以一般导电嘴长度应大于 25mm。

4. 供气系统　供气系统的作用是将保存在钢瓶中呈液态的 CO_2 在需用时变成有一定流量的气态 CO_2。供气系统包括：CO_2 气瓶、预热器、干燥器、减压器和流量计及电磁气阀，如图 7-3 所示。

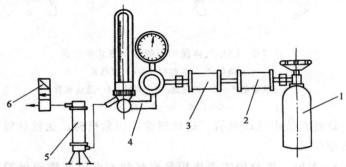

图 7-3　供气系统示意图

1—CO_2 气瓶　2、5—干燥器　3—预热器　4—减压器和流量计　6—电磁气阀

（1）CO_2 气瓶　用于贮存液态 CO_2，瓶外有标记，满瓶时为 $5.0 \sim 7.0$ MPa。

（2）预热器　当打开气瓶阀门时，液态 CO_2 挥发成气态，气化时要吸收大量的热量，从而使气体温度下降，为防止气体中的水分在气瓶出口处结冰，在减压前要将 CO_2 气体进行加热，即在供气系统中加入预热器。预热器的功率为 $75 \sim 150$ W。

（3）干燥器　干燥器用于吸收 CO_2 气体中的水分。干燥器有两种：一种是高压干燥器，在减压之前；另一种是低压干燥器，在减压之后。干燥器的选用，主要根据气瓶中 CO_2 气体的纯度和对焊接质量的要求而定。可以选一个，也可以选两个。

（4）减压器及流量计　减压器是将高压的 CO_2 气体变为低压

的气体并保持气体的压力在供气过程中稳定。流量计用于测量和控制气体的流量，常用的流量计一般与减压器一体。

（5）电磁气阀　是用来控制保护气体的装置。

5. 控制系统　CO_2 气体保护焊的控制系统是对送丝系统、供气系统和焊接电源的控制，以及对焊件运转或焊接机头行走的控制。

送丝控制系统是对送丝电机的控制，即能够完成对焊丝的正常送进和停止动作，焊前对焊丝的调整，在焊接过程中均匀调节送丝速度，并在网路波动时有补偿作用。

供气系统的控制分为三个过程进行：第一步提前送气 1～2s，这样可以排除引弧区周围的空气，保证引弧质量，然后引弧；第二步在焊接过程中保证气流均匀；第三步在收弧时滞后 2～3s 断气，继续保护弧坑区的熔化金属凝固和冷却。

焊接电源的控制与送丝部分相关，引弧时，可在送丝同时接通焊接电源，也可在接通焊接电源后送丝。收弧时为了避免焊丝末端与熔池粘连而影响弧坑处的质量，应先停止送丝再切断焊接电源，有时还有延时切断焊接电源和焊接电流自动衰减的控制装置，以保护弧坑的质量。

二、CO_2 气体保护焊设备的安装和使用

1. CO_2 气体保护焊设备的安装场地及要求

1）焊机应安装在离墙和其它焊机等设备至少 300mm 以外的地方，使焊机使用时能确保通风良好；焊机不应安装在日光直射处，潮湿处和灰尘较多处。

2）施焊工作场地的风速应小于 2.0m/s，超过该风速时应采取防风措施。焊接时为防止弧光伤人，应选择适当场所或在焊机周围加屏蔽板遮光。

3）供电网路应能提供 CO_2 焊设备所要求的输入电压（220V 或 380V）、相数（单相或三相）和电源频率（50Hz）。供电网路应有足够多的容量，以保证焊接时电压稳定。目前 CO_2 焊设备允许网路电压的波动范围在 ＋5％～－10％内。

4）搬运 CO_2 气瓶时，应当盖上瓶盖和使用专用搬运车。安装时应当正置和可靠固定。CO_2 气瓶必须放在温度低于 40℃ 的地方。

5）焊机机壳的接地必须良好。

2. CO_2 气体保护焊设备的使用　CO_2 气体保护焊设备使用前，应将各部件按一定的程序用电缆连接起来。

（1）焊机连接顺序框图　CO_2 气体保护焊设备的连接方法，根据机组的不同有所差异，但一般的连接程序大致相同。

NBC-400 型手工 CO_2 气体保护焊机的外部接线见图 7-4。

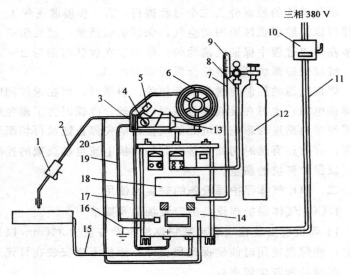

图 7-4　CO_2 气体保护焊机外部接线图

1—焊枪　2—软管　3—焊枪控制线　4—送丝滚轮　5—压丝手柄　6—送丝盘

7、20—气管　8—预热器电源线　9—预热减压流量计　10—开关屏

11—电源线　12—CO_2 气瓶　13—送丝机构　14—焊接电源

15、17—电缆　16—地线　18—控制箱　19—控制电缆

（2）连接焊接电缆　焊接电源的"＋"端用焊接电缆与导电嘴相连，焊接电源的"－"端用焊接电缆与焊件可靠地连接。焊接电缆根据不同机种的容量，选用规定尺寸的橡胶软电缆，其断面

尺寸的大小，可按电流密度 $5A/mm^2$ 计算。

（3）连接送丝机的控制电缆　应将控制电缆的多芯插头可靠地插入送丝机上的插座内，并锁紧。

（4）安装 CO_2 气体减压阀和流量计　减压阀和流量计的气体入口和出口处不得有油污和灰尘。减压阀和流量计的安装螺母应当拧紧。

（5）连接气管　流量计的出口和送丝机之间的气管、送丝机和焊枪之间的气管，可以用螺母和管螺纹连接并拧紧，还可以向气管中插入连接铜管并用金属丝缠绕紧固。

（6）连接 CO_2 气体加热器电路　预热器上的电源线与焊接电源侧壁上的接线柱相连接（必须采用低于 36V 的交流供电）。

（7）连接冷却水管（采用风冷焊枪不用此步骤）　把与焊枪相连接的给水管和排水管与循环水装置相连接，并扎紧。

（8）连接送丝机和焊枪

1）控制电缆插头、焊接电缆和气管（水管）等均应在各自的接口可靠地连接。

2）安装送丝弹簧软管，软管孔径应与焊丝直径相适应。

（9）连接电源电缆

1）必须确认已切断配电盘开关后，才能连接电源电缆。电源电缆的断面尺寸应符合规定。

2）电源电缆与配电盘和焊接电源输入端的连接应用螺钉牢固地拧紧，以便可靠导电。

3. CO_2 气体保护焊机的维护保养

1）定期检查焊机的接线是否可靠。

2）焊机应置于通风良好、干燥整洁的地方。

3）经常检查焊枪的喷嘴与导电部件之间的绝缘情况。

4）经常检查导电嘴和焊丝的接触情况，当导电嘴磨损时应及时更换。

5）经常检查送丝轮压紧和磨损情况，并及时加以调整或更换。

6）经常检查焊枪上的电缆、气管、送丝软管等，发现问题及时更换。

7）经常检查供气系统，发现问题及时更换。

8）经常检查送丝机构，须及时加油或换油。

第三节　二氧化碳气体保护焊的焊接参数

CO_2气体保护焊时焊接参数不仅影响焊接质量，也影响生产效率和生产成本。因此需根据焊件的形状、材质、厚度、焊接位置等情况进行正确地选择。CO_2气体保护焊的主要焊接参数有：焊丝直径、焊接电流、电弧电压、焊接速度、焊丝伸出长度、直流回路电感值、CO_2气体流量和电源极性。

一、焊丝直径

焊丝直径以焊件的厚度、焊接位置及质量要求为依据进行选择。一般焊接薄板时采用细焊丝，随着板厚增加，焊丝直径也增加。焊丝直径大于1.6mm时称为粗丝。用粗丝焊接时生产率较高，但存在飞溅和成形的问题，并在热输入较大时，烟尘较大、弧光强。焊丝直径选择可参见表7-1。

表7-1　CO_2气体保护焊焊丝直径的选择

焊丝直径/mm	熔滴过渡形式	焊件厚度/mm	焊接位置
0.5～0.8	短路过渡	1.0～2.5	全位置
	颗粒过渡	2.5～4.0	水平位置
1.0～1.4	短路过渡	2.0～8.0	全位置
	颗粒过渡	2.0～12	水平位置
1.6	短路过渡	3.0～12	水平、立、横、仰
>1.6	颗粒过渡	>6	水平

二、焊接电流

焊接电流根据焊件的厚度、坡口形状、焊丝直径及所需的熔滴过渡形式来选择。对于一定的焊丝直径，所使用的焊接电流有一定的范围，见表7-2。

表 7-2 不同直径焊丝 CO_2 气体保护焊焊接电流的范围

焊丝直径 /mm	焊接电流/A	
	短路过渡	颗粒过渡
0.8	50～100	150～250
1.0	70～120	150～300
1.2	90～150	160～350
1.6	140～200	200～500
2.0	160～250	350～600

焊接电流对焊缝的成形影响较大，当焊接电流增加时，熔深相应增加，熔宽略有增加。提高焊接电流可以增加焊丝的熔化速度，提高生产率，但焊接电流太大时，会使飞溅增加，并容易产生烧穿及气孔等缺陷。反之，若焊接电流太小，电弧不能稳定，容易产生未焊透，焊缝成形差。

三、电弧电压

电弧电压是影响熔滴过渡、飞溅大小、短路频率和焊缝成形的重要因素。在一般情况下，当电弧电压增加时，焊缝宽度相应增加，而焊缝的余高和熔深则减少。在焊接电流较小时，电弧电压过高，则飞溅增加；电弧电压太低，则焊丝容易伸入熔池，使电弧不稳。在焊接电流较大时，电弧电压过高，则飞溅增加，容易产生气孔；电弧电压太低则焊缝成形不良。要获得稳定的焊接过程和良好的焊缝成形，要求电弧电压与焊接电流有良好的配合。通常细丝焊接时电弧电压为 16～24V，粗丝焊接时电弧电压为 25～36V。当采用短路过渡时电弧电压与焊接电流有一个最佳配合范围，可参见表 7-3。

四、焊接速度

焊接速度对焊缝形状有一定影响，随着焊接速度的增加，焊缝宽度、余高和熔深相应减少。若焊接速度太快时，会使气体保护作用受到破坏，同时使焊缝冷却速度过快，降低了焊接接头的力学性能，并使焊缝成形变差。若焊接速度太慢时，焊缝宽度增加，熔池变大，热量集中，造成烧穿或焊缝金属的金相组织粗大等缺陷。因此焊接速度应根据焊件材质的性质、厚度和冷却条件等来选择。一般焊接速度在 15～40m/h 范围内。

表 7-3　短路过渡时电弧电压与焊接电流的配合

焊接电流 /A	电弧电压/V	
	平焊位置	立焊和仰焊位置
75～120	18.0～21.5	18.0～19.0
130～170	19.5～23.0	18.0～21.0
180～210	20.0～24.0	18.5～22.0
220～250	21.0～25.0	19.0～23.5

五、焊丝伸出长度

焊丝伸出长度是指焊丝伸出导电嘴的长度。当焊丝伸出长度增加时，焊丝的电阻值增加，因此焊丝熔化速度加快，提高了生产率。但是焊丝伸出长度过长时，焊丝容易发生过热而成段熔断，从而使焊接过程不稳定、飞溅严重、焊缝成形不良及气体保护作用减弱；反之，则焊接电流较大，短路频率较高，并缩短了喷嘴与焊件之间的距离，使飞溅金属容易粘在喷嘴上，严重时会堵塞喷嘴，影响气体流通。一般情况下，焊丝伸出长度为焊丝直径的10 倍左右。

六、气体流量

CO_2 气体流量主要影响保护性能。保护气体从喷嘴喷出时要有一定的挺度，才能避免空气对电弧区的影响。不同的接头形式、焊接参数和作业条件，要求有相应的气体流量。当焊接电流越大、焊接速度越快、焊丝伸出长度越长时，气体流量应大一些。一般情况下，细丝焊接时为 6～15L/min，粗丝焊接时为 20～30L/min。若气体流量太大时，气体冲击熔池，同时冷却作用增加，并且使保护气流紊乱，产生气孔等缺陷；若气体流量太小时，气体挺度不够，降低了气体对熔池的保护作用，也会产生气孔等缺陷。

七、电源极性

CO_2 气体保护焊时,由于熔滴具有非轴向过渡的特点,为减少飞溅,保持电弧稳定,一般采用直流反接,即焊件接焊接电源的负极,焊枪接焊接电源的正极。

当采用直流正接时,焊丝熔化速度较快,焊缝熔深较小,焊缝堆高较大,所以一般只在堆焊或铸钢件补焊时才采用。

八、回路电感值

当 CO_2 气体保护焊以短路过渡时,回路中的电感值是影响焊接过程稳定性以及焊缝熔深的主要因素。如在焊接回路中串联合适的电感,不仅可以调节短路电流的增长速度,使飞溅减少,而且还可以调节短路频率,调节燃弧时间,控制电弧热量。若电感值太大时,短路过渡慢,短路次数减少,就会引起大颗粒的金属飞溅或焊丝成段炸断,造成熄弧或引弧困难;若电感值太小时,因短路电流增长速度太快,会造成很细的颗粒飞溅,使焊缝边缘不齐。

除上述一些主要参数外,焊枪倾角、焊缝坡口和焊接位置等对焊接过程都有影响。所以在应用中应根据具体情况来选择。表7-4是常用 CO_2 气体保护焊的焊接参数。

表 7-4 CO_2 气体保护焊的焊接参数

焊件厚度 /mm	坡口形式	焊丝直径 /mm	焊接电流 /A	电弧电压 /V	气体流量 /(L/min)
≤1.2		0.6	30~50	18~19	6~7
1.5		0.7	60~80	19~20	6~7
2.0~2.5		0.8	80~100	20~21	7~8
3.0~4.0		1.0	90~120	20~22	8~10

（续）

焊件厚度 /mm	坡口形式	焊丝直径 /mm	焊接电流 /A	电弧电压 /V	气体流量 /(L/min)
≤1.2		0.6	35～55	18～20	6～7
1.5		0.7	65～85	18～20	8～10
2.0	0～0.5	0.9	80～100	19～20	10～11
2.5		1.0	90～110	19～21	10～11
3.0		1.0	95～115	20～22	11～13
4.0		1.2	100～120	21～23	13～15

第四节　二氧化碳气体保护焊操作技术

一、基本操作技术

1. 引弧　CO_2 气体保护焊一般采用直接短路接触法引弧，由于采用平特性的弧焊电源，其空载电压较低，造成引弧困难，引弧时焊丝与焊件不要接触太紧，如接触太紧或接触不良，会引起焊丝成段烧断。因此引弧前应调节好焊丝的伸出长度，使焊丝端头与焊件保持 2～3mm 的距离。如焊丝端部有粗大的球形头，应用钳子剪掉，因为球状端头等于加粗了焊丝的直径，并在该球状端头表面上覆盖一层氧化膜，影响引弧的质量。引弧前要选好适当的位置，起弧后要灵活掌握焊接速度，以避免焊缝起弧处出现未焊透、气孔等缺陷。

2. 熄弧　在焊接结束时，如突然切断电弧，就会留下弧坑，并在弧坑处产生裂纹和气孔等缺陷。所以应在弧坑处稍做停留，然后慢慢地抬起焊枪，这样可使弧坑填满，并使熔池金属在未凝固前仍受到良好的保护。

3. 焊缝的连接　焊缝接头的连接一般采用退焊法，其操作与焊条电弧焊的方法相同。

4. 左焊法和右焊法　CO_2 气体保护焊的操作方法，按其焊枪的移动方向，可分为左焊法和右焊法，见图 7-5。

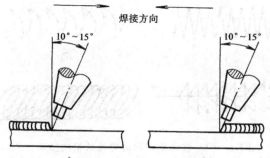

图 7-5　CO_2 气体保护焊操作方法示意图

a）右焊法　b）左焊法

采用右焊法时，熔池能得到良好的保护，且加热集中，热量可以充分利用，并由于电弧的吹力作用将熔池金属推向后方，可以得到外形比较饱满的焊缝。但是焊接时不便观察，不易准确掌握焊接方向，容易焊偏，尤其焊接对接接头时。

采用左焊法时，电弧对焊件有预热作用；能得到较大的熔深，焊缝成形得到改善，左焊法虽然观察熔池有些困难，但能清楚地看到待焊接头，易掌握焊接方向，不会焊偏。所以 CO_2 气体保护焊一般都采用左焊法。

5. 运丝方式　运丝方式有直线移动法和横向摆动法。直线移动法即焊丝只做直线运动不做摆动，焊出的焊道稍窄。横向摆动运丝是在焊接过程中，以焊缝中心线为基准做两侧的横向交叉摆动。常用的方式有：锯齿形、月牙形、正三角形、斜圆圈形等，如图 7-6 所示。

横向摆动运丝方式在操作时需注意以下事项：

1）运丝时以手腕作辅助，以手臂为主进行操作。

2）左右摆动的幅度要一样，摆动幅度不能太大。

3）锯齿形和月牙形摆动时，为避免焊缝中心过热，摆到中心时速度稍快，而在两侧时应稍做停顿。

4）有时为了降低熔池温度，避免液态金属漫流，焊丝可做小幅度的前后摆动，摆动时须均匀。

172

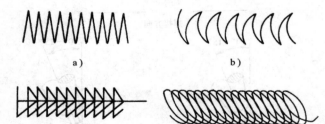

图 7-6 CO₂ 气体保护焊时焊枪的横向摆动方式

a) 锯齿形 b) 月牙形 c) 正三角形 d) 斜圆圈形

直线移动方式主要应用于薄板和打底层；锯齿形摆动方式常应用于根部间隙较小的场合；月牙形摆动方式常应用于填充层以及厚板的焊接；正三角形和斜圆圈形摆动方式常应用于角接头和多层焊。

二、几种位置焊接的特点

1. 平焊 平焊时一般采用左焊法。薄板焊接时焊枪做直线移动。中厚板 V 形坡口的打底层焊接采用直线移动方式，焊以后各层时焊枪可做适当的横向摆动，但幅度不宜过大，以免影响气体的保护效果。

2. 立焊 立焊有两种方式：一种是热源自下向上进行的焊接，即向上立焊；另一种是热源自上向下的焊接，即向下立焊。

向上立焊由于液态金属的重力作用，熔池金属下淌，加上电弧吹力的作用，熔深较大，焊道较窄，常用于中、厚板的细丝焊接。操作时如直线移动，焊缝会凸起，容易产生咬边，所以可以用小幅度的横向摆动法焊接，焊枪角度如图 7-7 所示。

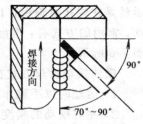

图 7-7 CO₂ 气体保护焊向上立焊的焊枪角度示意图

向下立焊当采用细丝短路过渡焊接时，由于 CO₂ 气流有承托熔池金属的作用，使它不易下坠，焊缝成形美观，但熔深较小。该方法操作简单，焊接速度快，常用于薄板的焊接。操作时的焊枪角度如图7-8所示。

3. 横焊　横焊时由于熔池金属受重力作用下淌，容易产生咬边、焊瘤和未焊透等缺陷，因此需采用细丝短路过渡的方式焊接，焊枪的角度如图7-9所示。焊枪一般采用直线移动运丝方式，为防止熔池温度过高，铁水下淌，可作小幅度的前后往复摆动。

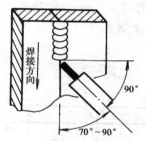

图 7-8　CO_2 气体保护焊向下立焊的焊枪角度示意图

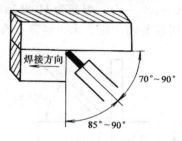

图 7-9　CO_2 气体保护焊横焊的焊枪角度示意图

4. 仰焊　仰焊与立焊、横焊一样存在重力作用的问题，所以采用细丝、小焊接电流及短路过渡的焊接方法。焊接时 CO_2 气体流量略大，焊枪角度如图7-10 所示。焊接薄板时采用小幅度的往复摆动；焊接中、厚板时应做适当的横向摆动并在坡口两侧稍做停留，以防止焊缝中间凸起或熔池金属下淌。

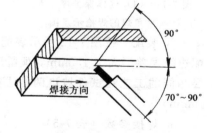

图 7-10　CO_2 气体保护焊仰焊的焊枪角度示意图

5. T 形接头的焊接　焊接 T 形接头时，容易产生咬边、未焊透、焊缝下垂等现象。在操作时需根据板厚和焊脚尺寸来控制焊枪的角度。不等厚焊件的 T 形接头平角焊时，要使电弧偏向厚板，以使两板加热均匀。在等厚板上进行焊接时，一般焊枪与水平板件的夹角为 40°～50°。当焊脚尺寸不大于 5mm 时，可按图7-11 所示 A 方式将焊枪对准夹角处；当焊脚尺寸大于 5mm 时可按图7-

11 所示 B 方式,即将焊枪水平偏移 1～2mm,焊枪的倾角为 10°～25°。

三、中厚板开 V 形坡口的水平对接单面焊双面成形

1. **焊前准备** 试件为 400mm×125mm 的板两块,板厚为 12mm,材料为 Q235-A,并按图 7-12 所示加工试件坡口;焊机为 NBC-400 一台;焊丝为 H08Mn2SiA,直径 1.2mm。清除坡口及其周围的油、污、水、锈等,直至露出金属光泽。

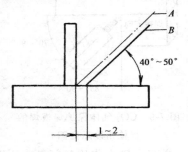 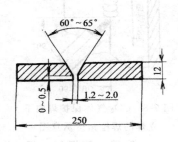

图 7-11 CO_2 气体保护焊 T 形接头平角焊的焊枪示意图

图 7-12 CO_2 气体保护焊中厚板 V 形坡口水平对接的试件图

2. **装配** 按图 7-12 所示装配,根部间隙为 1.2～2.0mm,装配边缘误差不大于 1.2mm,预留反变形量为 3°～4°,采用与打底层相同的工艺在试件坡口两端进行定位焊接,焊缝长度为 10～15mm。

3. **焊接参数** (表 7-5)

表 7-5 中厚板 V 形坡口水平对接 CO_2 气体
保护焊单面焊双面成形的焊接参数

焊接层次	焊丝直径 /mm	焊接直流 /A	电弧电压 /V	气体流量 /(L/min)	伸出长度 /mm
打底层	1.2	90～110	18～20	10～15	10～15
填充层	1.2	120～140	20～22	10～15	10～15
盖面层	1.2	130～150	21～23	10～15	10～15

4. **焊接操作** 按表 7-5 调试好设备,采用左焊法,焊接层次

为打底层一层、填充层两层、盖面层一层。

(1) 打底层的焊接　将试件间隙小的一端放于右侧，在离试件右端定位焊缝约 20mm 处坡口的一侧引弧，然后向左焊接。焊枪沿坡口两侧做小幅度横向摆动并在坡口两侧稍做停留，控制电弧在离底边约 2～3mm 处。当坡口底部熔孔直径为 3～4mm 时，转入正常焊接。焊接时根据间隙及熔孔的变化调整焊枪摆动幅度和焊接速度，尽可能保证熔孔直径不变，并保证焊道平整。焊完后须清理干净焊道表面。

(2) 填充层的焊接　按表 7-5 参数调节好设备，在试件右端开始焊接。焊枪采用月牙形或锯齿形摆动，注意熔池面侧熔合情况，保证焊道表面平整并且稍下凹。第二层填充层的焊道焊完后应比焊件金属表面低 1.0～1.5mm，以免坡口边缘熔化，导致盖面层产生咬边或焊偏现象。焊完后须清理干净焊道表面。

(3) 盖面层的焊接　按表 7-5 参数调节好设备，在试件右端开始焊接。焊枪采用月牙形或锯齿形摆动，摆动幅度应超过坡口边缘 1～1.5mm。应尽可能保持焊接速度均匀，熄弧时须填满弧坑。

5. 焊后清理及检验　焊接结束后，关闭设备电源，用钢丝刷清理焊缝表面；目测或用放大镜观察焊缝表面是否有气孔、裂纹、咬边等缺陷；用焊缝量尺测量焊缝外观成形尺寸。

上述工作完成后进行无损探伤和力学性能检验。

四、插入式管-板 T 形接头的垂直俯位焊

1. 焊前准备

(1) 试件　规格为 $\phi51mm\times5mm$ 管子一根，长度 100mm，材料为 20 钢；规格为 100mm×100mm 钢板一块，厚度为 12mm，材料为 Q235-A，在板上加工一个 $\phi52mm$ 孔。

(2) 焊机　NBC-400 型焊机一台。

(3) 焊丝　焊丝为 H08Mn2SiA，直径为 1.2mm。

2. 装配

1) 清除管子待焊端 40mm 处和板件孔壁及其周围 20mm 范

围内的油、污、水、锈等，并打磨直至露出金属光泽。

2）按图 7-13 所示进行装配，并定位焊定位，焊缝长度为 10～15mm，焊接参数见表 7-6，要求焊透并且不能有各种焊接缺陷。

3. 焊接参数（表 7-6）。

4. 焊接操作

1）按表 7-6 调节好设备，在定位焊对面引弧，采

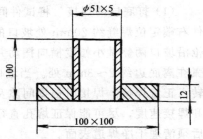

图 7-13　插入式管板件垂直俯位 CO_2 气体保护焊试件图

用单道左焊法，即从右向左沿管子外圆焊接，焊枪角度如图 7-14 所示。

表 7-6　插入式管-板垂直俯位 CO_2 气体保护焊的焊接参数

焊丝直径 /mm	焊接电流 /A	电弧电压 /V	伸出长度 /mm	气体流量 /(L/min)
1.2	110～150	20～23	10～15	12～15

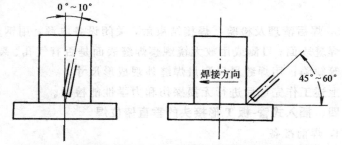

图 7-14　管板垂直俯位 CO_2 气体保护焊焊枪角度示意图

2）在焊至距定位焊缝约 20mm 处收弧，用角向磨光机磨去定位焊缝，并将起弧和收弧处磨成斜面，以便于连接。

3）将试件旋转 180°，在前收弧处引弧，完成焊接。收弧时须填满弧坑，并使接头处不要太高。

5. 焊后清理及检验　焊接结束后，先用钢丝刷清理焊缝表面，然后目测或用放大镜观察焊缝表面，不能有裂纹、气孔、咬

边等缺陷。用焊缝量尺测量焊缝的焊脚尺寸。进行无损检测和解剖试件做宏观金相检验。

五、水平转动大直径管 U 形坡口对接单面焊双面成形

1. 焊前准备　试件为 $\phi219mm\times10mm$ 管子,长度为 100mm,数量两根,材料为 20 钢,并按图 7-15 所示加工试件的坡口;焊丝为 H08Mn2SiA,直径为 1.2mm;NBC-400 型焊机一台,滚轮架一台。

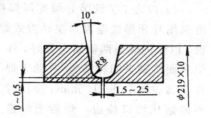

图 7-15　水平转动大直径管 CO_2 气体保护焊单面焊双面成形试件示意图

2. 装配

1) 清除管子坡口及其端部内外表面 20mm 范围内的油、污、水、锈等,并打磨直至露出金属光泽。

2) 按图 7-15 所示进行装配,根部间隙为 1.5~2.5mm,对接边缘误差≤1.2mm。按表 7-7 的打底层焊接参数进行定位焊接,在圆周上等分三处定位焊,定位焊缝长度为 10~15mm,定位焊应保证焊透并无各种缺陷,焊后在焊点两端用角向磨光机打磨成斜坡。

3. 焊接参数（表 7-7）。

表 7-7　水平转动大直径管 CO_2 气体保护焊单面焊双面成形的焊接参数

焊接层次	焊丝直径/mm	焊接电流/A	电弧电压/V	伸出长度/mm	气体流量/(L/min)
打底层	1.2	100~120	18~20	10~15	12~15
填充层	1.2	120~140	19~22	10~15	12~15
盖面层	1.2	120~150	20~23	10~15	12~15

4. 焊接操作

1) 将试件置于滚轮架上,使其中的一个定位焊缝位于 1 点钟的位置。

2) 采用左焊法,焊接层次为三层,焊枪角度如图 7-16 所示。

3）按表 7-7 调节好打底层的焊接参数，在处于 1 点钟的定位焊缝上引弧，并从右向左边转动管子边焊接。注意管子转动须使熔池保持水平位置，同平焊一样须控制熔孔的直径比根部间隙大 $0.5\sim1.0mm$，焊完后须将打底层清理干净。

4）按表 7-7 调节好填充层焊接参数，在管子 1 点钟处引弧，可采用月牙形或锯齿形摆动方式焊接，摆动时在坡口两侧稍做停留，以保证焊道两侧熔合良好，焊道表面略微下凹和平整，并低于焊件金属表面 $1.0\sim1.5mm$，操作时不能熔化坡口棱边，焊后把焊道表面清理干净。

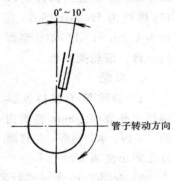

图 7-16　水平转动大直径管 CO_2 气体保护焊单面焊双面成形的焊枪角度示意图

5）按表 7-7 调节好盖面层焊接参数，在管子 1 点钟处引弧并焊接，焊枪摆动幅度略大，使熔池超过坡口棱边 $0.5\sim1.5mm$，以保证坡口两侧熔合良好。

5. 焊后清理及检验　焊接结束后，关闭设备，用钢丝刷清理焊缝表面；目测或用放大镜观察焊缝表面是否有气孔、裂纹、咬边等缺陷；用焊缝量尺测量焊缝外观成形尺寸。

上述工作完成后进行无损探伤和力学性能检验。

第五节　二氧化碳气体保护焊常见缺陷的产生原因及防止措施

在 CO_2 气体保护焊过程中，由于焊接材料、焊接参数选择不当等原因，会造成气孔、飞溅、裂纹、咬边、烧穿、未焊透、夹渣等缺陷，严重时将影响焊缝的质量。

一、焊缝成形不良

焊缝成形不良主要表现为焊缝弯曲不直、成形差等方面。主要原因为：

1）电弧电压选择不当。

2）焊接电流与电弧电压不匹配。

3）焊接回路电感值选择不合适。

4）送丝不均匀，送丝轮压紧力太小，焊丝有卷曲现象。

5）导电嘴磨损严重。

6）操作不熟练。

防止措施为：选择合理的焊接参数；检查送丝轮并做相应的调整；更换导电嘴；提高操作技能。

二、飞溅

飞溅是 CO_2 气体保护焊中的一种常见现象，但由于各种原因会造成飞溅较多。产生飞溅的主要原因如下：

1）短路过渡焊接时，直流回路电感值不合适，太小会产生小颗粒飞溅，过大会产生大颗粒飞溅。

2）电弧电压选择不当，电弧电压太高会使飞溅增多。

3）焊丝含碳量太高也会产生飞溅。

4）导电嘴磨损严重和焊丝表面不干净也会使飞溅增多。

防止措施：选择合适的回路电感值；调节电弧电压；选择优质的焊丝；更换导电嘴。

三、气孔

CO_2 气体保护焊产生气孔的原因为：

1）气体纯度不够，水分太多。

2）气体流量不当。包括气阀、流量计、减压阀调节不当或损坏；气路有泄漏或堵塞；喷嘴形状或直径选择不当；喷嘴被飞溅物堵塞；焊丝伸出长度太长。

3）焊接操作不熟练，焊接参数选择不当。

4）周围空气对流太大。

5）焊丝质量差，焊件表面清理不干净。

防止措施：彻底清除焊件上的油、锈、水；更换气体；检查或串接预热器；清除附着喷嘴内壁的飞溅物；检查气路有无堵塞和弯折处；采取挡风措施减少空气对流。

四、裂纹

CO_2 气体保护焊产生裂纹的主要原因如下：

1）焊件或焊丝中 P、S 含量高，Mn 含量低，在焊接过程中容易产生热裂纹。

2）焊件表面清理不干净。

3）焊接参数选择不当，如熔深大而熔宽窄，以及焊接速度快，使熔化金属冷却速度增加，这些都会产生裂纹。

4）焊件结构刚度过大也会产生裂纹。

防止措施：严格控制焊件及焊丝的 P、S 等的含量；严格清理焊件表面；选择合理的焊接参数；对结构刚度较大的焊件可更改结构或采取焊前预热、焊后消氢处理。

五、咬边

咬边主要是焊件边缘或焊件与焊缝的交界处，在焊接过程中由于焊接熔池热量集中，温度过高而产生的凹陷。

CO_2 气体保护焊产生咬边的主要原因如下：

1）焊接参数选择不当，如电弧电压过大，焊接电流过大，焊接速度太慢时会造成咬边。

2）操作不熟练。

防止措施：选择合适的焊接参数；提高操作技能。

六、烧穿

CO_2 气体保护焊产生烧穿的主要原因如下：

1）焊接参数选择不当，如焊接电流太大或焊接速度太慢等。

2）操作不当。

3）根部间隙太大。

防止措施：选择合适的焊接参数；尽量采用短弧焊接；提高操作技能；在操作时，焊丝可做适当的直线往复运动；保证焊件的装配质量。

七、未焊透

CO_2 气体保护焊未焊透的产生原因如下：

1）焊接参数选择不当，如电弧电压太低，焊接电流太小，送丝速度不均匀，焊接速度太快等均会造成未焊透。

2）操作不当，如摆动不均匀等。

3）焊件坡口角度太小，钝边太大，根部间隙太小。

防止措施：选择合适的焊接参数；提高操作技能；保证焊件坡口加工质量和装配质量。

复习思考题

1. 什么是 CO_2 气体保护焊？

2. CO_2 气体保护焊有什么优点？有什么缺点？

3. CO_2 气体保护焊焊机中的送丝系统有几种方式？各有什么特点？

4. CO_2 气体保护焊焊机如何使用和维护保养？

5. 试述 CO_2 气体保护焊供气系统的组成部分及其作用。

6. 试述 CO_2 气体保护焊主要焊接参数对焊接过程的影响？

7. CO_2 气体保护焊的引弧和熄弧有什么操作特点？

8. CO_2 气体保护焊的左焊法和右焊法各有什么特点？

9. 焊丝的直线移动和横向摆动法各用于什么场合？

10. 试述 CO_2 气体保护焊时气孔产生的原因及防止措施？

11. 试述 CO_2 气体保护焊的适用范围。

12. 在 CO_2 供气系统中为什么要有预热器？

13. CO_2 气体保护焊焊枪的导电嘴有什么要求？

14. CO_2 气体保护焊对气体有什么要求？

15. 提前送气和滞后停气有什么作用？

16. CO_2 气体保护焊与手工钨极氩弧焊有什么区别？

17. CO_2 气体保护焊应选择什么样的弧焊电源？

18. CO_2 气体保护焊时如何减少飞溅？

19. CO_2 气体保护焊在室外作业时，需注意什么？

20. 在 CO_2 气体保护焊焊枪喷嘴表面涂上硅油有什么作用？

21. 在生产实际中如推广 CO_2 气体保护焊，会有什么收获？

22. 为提高 CO_2 气体保护焊的焊接质量，焊工平时应做好哪些工作？

第八章 碳弧气刨

培训要求　了解低合金钢、不锈钢碳弧气刨的操作工艺；熟悉碳弧气刨工艺；掌握低碳钢的手工碳弧气刨方法。

第一节　碳弧气刨原理

碳弧气刨的工作原理如图 8-1 所示。在工作时，利用碳棒（石墨棒）与工件之间产生的电弧将金属熔化，同时在气刨枪中通以压缩空气流，将熔化的金属吹掉，随着气刨枪向前移动，便在金属上加工出了沟槽。

碳弧气刨有很高的工作效率且适用性强。用自动碳弧气刨加工较长的焊缝和环焊缝的坡口，具有较高的加工精度，同时可减轻劳动强度。手工碳弧气刨的灵活性大，可进行全位置操作，适合于不规则的焊缝加工坡口。但对于手工碳弧气刨的操作要求高。碳弧气刨可以用来挑焊根、开坡口、刨除焊缝缺陷等。

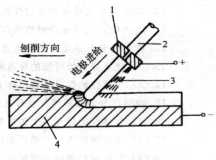

图 8-1　碳弧气刨原理
1—刨钳　2—电极　3—压缩空气流
4—工件

普通碳弧气刨的缺点是有烟雾、粉尘污染及弧光辐射，影响操作者的健康。利用水碳弧气刨可以克服上述缺点。但此方法使用少，在这里不作介绍。

第二节　碳弧气刨设备

一、电源

碳弧气刨应采用具有下降特性的直流弧焊电源。由于碳弧气刨所使用的电流较大，且连续工作时间长，故应选用功率较大的电源。例如 ZXG-500、ZXG-630 等整流电源，切勿超载运行。当一台焊机功率不够时，可将两台焊机并联使用，但必须保证两台并联焊机性能相一致。

低碳钢、低合金钢、不锈钢碳弧气刨时多采用直流反接。

二、气刨枪

气刨枪同时要能完成夹持碳棒、传导电流、输送压缩空气的工作。因此要求碳弧气刨枪具有夹持牢固、导电良好、更换方便、安全轻便的特点。气刨枪有侧面送风式、圆周送风式两种形式。

三、碳棒

表 8-1　碳弧气刨用碳棒规格及适用电流

断面形状	规　格①	适用电流/A	规　格	适用电流/A
圆 形	$\phi3\times355$	150～180	$\phi8\times355$	250～400
	$\phi3.5\times355$	150～180	$\phi9\times355$	350～500
	$\phi4\times355$	150～200	$\phi10\times355$	400～550
	$\phi5\times355$	150～250	$\phi12\times355$	—
	$\phi6\times355$	180～300	$\phi14\times355$	—
	$\phi7\times355$	200～350	$\phi16\times355$	—
扁 形	$3\times12\times355$	200～300	$5\times15\times355$	400～500
	$4\times8\times355$	—	$5\times18\times355$	500～600
	$4\times12\times355$	—	$5\times20\times355$	450～550
	$5\times10\times355$	300～400	$5\times25\times355$	550～600
	$5\times12\times355$	350～450	$6\times20\times355$	—

① 碳弧刨用圆形碳棒规格尺寸为 $\frac{d}{mm}\times\frac{L}{mm}$，扁形碳棒规格尺寸为 $\frac{\delta}{mm}\times\frac{b}{mm}\times\frac{L}{mm}$。

碳棒即电极，用于传导电流和引燃电弧。常用的是镀铜实芯碳棒，镀铜的目的是更好地传导电流。圆碳棒用于焊缝背面挑焊根；扁碳棒用于刨宽槽、开坡口、刨焊瘤或切割大量金属的场合。

刨削电流对刨槽的尺寸影响很大。电流大，则槽宽增加，槽深也增加。增大刨削电流，还可以提高刨削速度，获得较光滑的刨槽，因此一般采用较大的电流。碳棒的直径，可根据工件的厚度来选择。

刨削时碳棒伸出长度应为 80～100mm，因此在刨削过程中，随着碳棒的烧损要经常调整碳棒的伸出长度。

四、附属设备

刨削过程中需要利用压缩空气的吹力将熔化金属吹掉。压缩空气可由空压站提供，亦可利用小型空压机来供气。要求空气压力在 0.5～1MPa 范围内。

第三节　碳弧气刨操作技术

一、劳动防护和安全

碳弧气刨和焊条电弧焊一样，都是利用电弧来加热金属的，在作业过程中同样会受到弧光辐射和飞溅金属的烫伤，因此在作业前应穿戴和焊工相同的劳动防护用品，戴上面罩，并遵守和焊工相同的安全操作规程。

二、低碳钢的碳弧气刨实例

1. 试件规格　Q235-A 低碳钢板，厚度为 16～18mm，长×宽为 500mm×200mm。要求刨一深 6～7mm 的 U 形槽。

2. 工艺参数的选择

(1) 电源　选用 ZXG-500 型弧焊整流器。对于低碳钢采用直流反接（工件接负极），此时熔化金属流动性好，刨削过程稳定，刨槽光滑。

(2) 碳棒直径与刨削电流　碳棒直径与刨削电流值决定于被刨钢板的厚度，见表 8-2。在本例中选用 φ8mm 碳棒。

如果要求刨槽的宽度比较小，那么就得考虑它对碳棒直径的约束。一般碳棒直径应比所要求的槽宽小 2～4mm 以上。

表 8-2　碳棒直径、刨削电流和钢板厚度的关系

钢板厚度/mm	碳棒直径/mm	电流强度/A
1～3	4	160～200
3～5	6	200～270
5～10	6	270～320
10～15	8	320～360
15～20	8	360～400
20～30	10	400～500

（3）气刨前的准备工作　穿戴好防护用品。将碳弧气刨电源、空气导管、气刨枪和工件等用电缆线连接好，见图 8-2。

完成以上工作后，开启电源，检查电源是否正常工作。正常后打开压缩空气气门，在空载情况下检查压缩空气是否畅通。确认无误后即可开始刨削工作。

（4）开始刨削　碳弧气刨的全过程包括引弧、气刨、收弧和清渣等几个工序。

1）引弧：引弧前先用石笔在钢板上沿长度方向每隔 40mm 画一条基准线，启动焊机，开始送风。引弧成功后，开始只将碳棒向下进给，暂时不往前运行，待刨到所要求的槽深时，再将碳棒平稳地向前移动。对于厚度在 16mm 以下需开坡口的钢板，一次即可刨削而成。若钢板厚度超过20mm，要求 U 形坡口开得很大时，就要考虑多次刨削。对于本例，刨削一次即可。

2）气刨引弧后，将碳棒

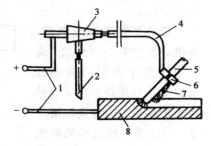

图 8-2　碳弧气刨外部接线图
1—电缆线　2—进气导管　3—接头
4—风电合一软管　5—碳棒　6—刨
枪钳口　7—压缩空气流　8—工件

与工件的倾角维持在 30°～45°之间，见图 8-3。碳棒的中心线要与刨槽的中心线相重合，否则会造成刨槽的形状不对称，影响质量，

见图 8-4。碳棒沿着钢板表面所划的基准线做直线往前移动，既不能做横向摆动，也不能做前后往复摆动，因为摆动时不容易保持平稳，刨出的刨槽也不整齐光洁。

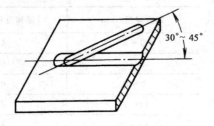

图 8-3　碳棒与工件的夹角

刨削过程中，要很好地利用压缩空气的吹力排渣。如果压缩空气吹得很正，那么渣就会被吹到电弧的正前部，此时刨槽两侧的熔渣最少，可节省很多的清渣时间，但是技术较难掌握，并且还会影响刨削方向的正确性。因此，通常采用的刨削方式是将压缩空气吹偏一点，使大部分渣能翻到槽的外侧，但不能使渣吹向操作者一侧，否则会造成烧伤。

3）收弧：收弧应把液态金属吹净。收弧时先断弧，过几秒钟后，再把压缩空气气门关闭。

低碳钢在碳弧气刨后，刨槽表面会有一硬化层，这是由于处于高温的表层金属被急冷后所造成的，不是渗碳的结果。正常操作情况下，对碳弧气刨后的低碳钢进行焊接，并不影响焊接质量。

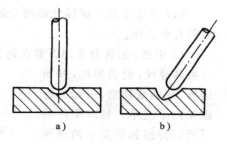

图 8-4　刨槽形状

a）刨槽形状对称　b）刨槽形状不对称

三、低合金钢的碳弧气刨

低合金钢由于含有合金元素，其淬硬倾向较大，刨槽表面易形成淬硬组织而产生裂纹，所以在工艺上应采取一定的措施。

Q345（16Mn）、Q390（15MnV）等普通低合金钢，气刨性能

良好，可采用与低碳钢相同的刨削工艺进行。

珠光体耐热钢，如12Cr1MoV、12CrMo等经200℃左右预热再进行碳弧气刨，气刨性能良好。

Q420（15MnVN）、18MnMoNb、20MnMo等钢在采用与焊接相同或稍高的预热温度情况下，均可以进行碳弧气刨。

一些强度等级高，对冷裂纹十分敏感的低合金钢厚板，不宜采用碳弧气刨。

四、不锈钢的碳弧气刨

不锈钢碳弧气刨时，粘附在刨槽边缘熔渣中碳的质量分数高达1.2%，因此在气刨后应认真做好刨槽边缘的清理工作，以免影响焊接质量。碳弧气刨对不锈钢的抗晶间腐蚀性能没有什么影响，因此能够保证母材的性质。

五、挑焊根和刨除焊接缺陷

采用焊条电弧焊或埋弧焊焊接厚度大于12mm的钢板时，通常都要双面焊。为保证焊接质量，应该在正面焊缝焊完以后，在背面将正面焊缝的根部铲除干净，然后再焊背面焊缝。铲除正面焊缝根部的工作称为挑焊根。

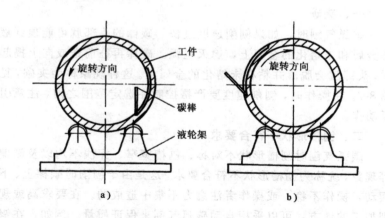

图 8-5　容器环缝挑焊根

a) 在内环缝上挑焊根　b) 在外环缝上挑焊根

利用碳弧气刨挑焊根的操作方法和开 U 形坡口相似，但是应该挑到看见正面焊缝为止。图 8-5 是一种容器筒体环缝挑焊根的方法。

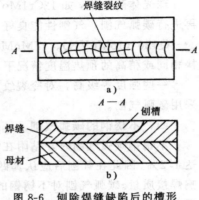

图 8-6　刨除焊缝缺陷后的槽形
a) 气刨前　b) 气刨后

重要焊件的焊缝要无损探伤，若发现有超标缺陷，应将缺陷清除后再进行返修补焊。

刨除焊接缺陷前，焊接检验人员应在有缺陷处做好标记，焊工就在标记位置一层一层往下进行气刨，对每一层要仔细检查有无缺陷。如发现缺陷，可轻轻地再往下刨一、二层，直到将缺陷全部刨干净为止。

刨除焊缝缺陷后的槽形见图 8-6。

第四节　碳弧气刨缺陷的产生原因及防止措施

一、夹碳

碳弧气刨时，如果刨削速度过快，碳棒的头部就可能顶到液态金属和未熔化的金属上，熄灭电弧。碳棒再往前送或向上提起时，头部就会脱落并粘在未熔化的金属上。这种现象称为夹碳，见图 8-7。在操作时，刨削速度要严格控制在选定范围之内，注意引弧动作。

二、刨槽形状不符合要求

碳弧气刨时刨槽形状不对称、刨槽宽窄、深浅不均以及刨偏等现象，统称为刨槽形状不符合要求。这是由于刨削时碳棒上、下摆动，操作不稳，或操作者注意力不集中造成的。在要求高或规则加工的地方，可以采用自动碳弧气刨来保证质量。例如，在锅炉筒体对接焊缝清焊根时，应尽可能采用半自动或自动碳弧气刨手段。对于手工碳弧气刨操作工，应努力提高操作技术水平，工作时操作者应思想集中，全神贯注。

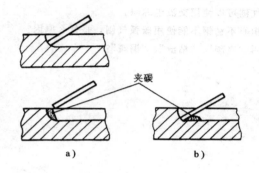

图 8-7 夹碳

a) 刨削速度过快 b) 碳棒送进太猛

三、粘渣

碳弧气刨时，压缩空气不足又使用大电流时，若刨削速度过慢，则金属的熔化量多而集中，压缩空气吹不干净，熔渣就会粘在刨槽的两侧，这种缺陷称为粘渣，见图 8-8。倾角太小时也会导致粘渣。

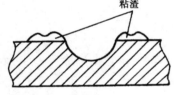

图 8-8 粘渣

在气刨时，应保持压缩空气的压力在 0.4~0.6MPa 之间；适当提高刨削速度；碳棒与工件的倾角掌握在 30°~45°范围内。

四、铜斑

这主要是碳棒表面的镀铜质量不好，致使铜皮脱落至刨槽中造成的。因此应选用质量好的碳棒。

复习思考题

1. 采用 ZXG-320 型直流弧焊电源作为碳弧气刨的电源好不好，为什么？

2. 碳弧气刨的主要工艺参数有哪些？

190

3. 有人担心不锈钢不能使用碳弧气刨，是什么原因？
4. 选择碳棒规格时应遵循什么原则？
5. 碳弧气刨可以使用交流电源吗？
6. 有人担心不锈钢不能使用碳弧气刨，是什么原因？
7. 什么叫"夹碳"、"粘渣"、"铜斑"？

第九章　焊接用工、夹具及辅助设备

培训要求　了解焊接常用工、夹具的类型及使用；了解常用焊接变位机械的分类、结构特点及其使用。

第一节　焊接常用的工、夹具

电弧焊用的工具，如焊条电弧焊的焊钳、面罩，气体保护焊用的焊枪等，已经在具体章节中作了说明，在此小节中只对焊接工装夹具加以介绍。

一、对焊接工装夹具的要求

1）焊接工装夹具应该保证装配件的尺寸、形状的正确性。

2）焊接工装夹具装夹、拆卸要轻巧方便，不得妨碍焊接操作和影响焊工的视力观察范围，提高焊件装配效率。

3）焊接工装夹具应夹紧可靠，刚度适当，既不使焊件松动又不产生过大的拘束度，以便减少焊接应力，防止焊接变形。

4）焊接工装夹具应结构简单、制造方便、使用和调整安全方便。

二、常用焊接工装夹具

1. 定位器　装焊时为使焊件达到确定位置的夹具称为定位器。定位器通常都很简单，且根据产品的不同，以自己制作为主。定位器有挡铁、定位销、V形铁等。

（1）挡铁定位　在所焊装置或零件周边上适当地配置角钢、矩形板等，可使焊件在水平面或垂直面内进行定位，如图 9-1a 中1、2所示。这是一种最简单的定位方法，但其精度不高。

（2）定位销定位　定位销利用零件上机加工的孔来进行定位，精度较高，如图 9-1b 中 3 所示，此定位销不仅可以控制两型寸之间的夹角，而且能够保证精度。V形铁常用于管子、轴及小直径圆筒节等圆柱形零件的固定和定位。

（3）V 形铁定位　V 形铁常用于管子、轴及小直径圆筒节等圆柱形零件的固定和定位，如图 9-1c 所示。V 形铁的槽口角度通常为 90°或 120°。

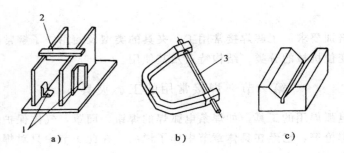

图 9-1　定位器形式

a）挡铁定位　b）定位销定位　c）V 形铁定位

1—角钢　2—矩形板　3—销轴

2. 夹紧工具　夹紧工具用于装配时固定压紧焊件的位置，不让其在焊接过程中发生移动。常用夹紧工具如图 9-2 所示，用于紧固装配零件。

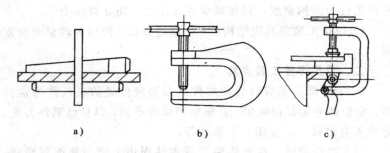

图 9-2　夹紧工具

a）楔条夹紧　b）螺旋夹紧　c）杠杆-螺旋夹紧

螺旋夹紧器的典型应用形式如图 9-3 所示。

在批量或大量生产中还广泛使用气动夹紧器和液压夹紧器，而且形式众多，既可夹紧工件，又可用来控制和矫正焊件的变形。

图 9-4 为气动夹紧器的应用。

3. 拉紧和推撑夹具 拉紧和推撑夹具有千斤顶、拉紧器和推撑器三种。

（1）千斤顶 用来承受焊件质量，并作为支撑面或推夹焊件。大型焊接结构件梁和柱发生变形也经常用千斤顶来纠正。

（2）推撑器 在焊接过程中，经常需要矫正焊件形状，消除对接偏差及防止焊接过程中的变形。比如为了消除焊接圆筒节和圆筒形制品中的椭圆、凹陷及其它类似的缺陷，可以采用带有几个径向配置螺旋千斤顶的环形推撑器（图

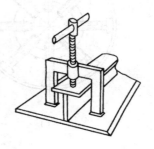

图 9-3 螺旋压紧器的应用形式

9-5a)，这对厚 15mm 以下圆筒壁的矫正是个有效手段。

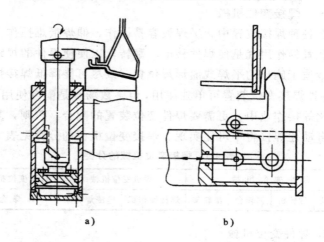

a)   b)

图 9-4 气动夹紧器

（3）拉紧器 拉紧器是装配时拉紧两个或几个零部件的辅助工具。生产中拉紧焊件用的螺旋拉紧器如图 9-5b、c 所示。拉紧器由具有左、右旋螺纹的两根推杆和中间联接器组成。

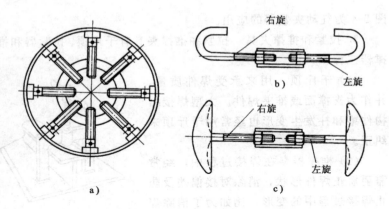

图 9-5　拉紧和推撑工具

a) 环形推撑器　b) 勾形拉紧器　c) 工形拉紧器

第二节　焊接常用的辅助设备

一、焊接变位机械

在各种焊接位置中，平焊最容易操作，仰焊最难操作。焊接变位装置的作用就是使焊件移动、翻转，以便使焊件的焊缝位置转到最适于施焊的平焊或船形焊位置，或尽可能降低焊接操作难度。各种焊接变位装置可单独使用，但多数场合是配合使用的。在自动化焊接作业中，更需要焊件变位装置的配合，否则，复杂工件的自动化焊接将不可能实现。焊接变位机械的分类见表 9-1。

表 9-1　焊接变位机械的分类

焊件变位机械				焊机变位机械		焊工变位机械
变位机	翻转机	回转台	滚轮架	焊接操作机	电渣焊立架	升降台

1. 焊件变位机械

（1）焊接变位机　焊接变位机主要用于机架、机座、机壳法兰等非长形零件的焊接。按结构形式的不同，可以分为以下几种。

1）伸臂式焊接变位机　伸臂式焊接变位机的基本构造见图 9-6。回转工作台安装在伸臂一端，由电动机经回转机构带动回转，回转速度可调，以满足不同焊接速度的要求。伸臂也可相对于倾斜轴 4 成角度回转，工作台可以上下升降。从其结构形式可以看出，其变位范围大，但整体稳定性差。因此只适用于 1t 以下中小焊件的翻转变位，在焊条电弧焊中应用较多。

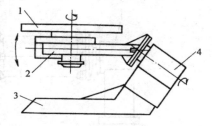

图 9-6　伸臂式焊接变位机的构造
1—回转工作台　2—伸臂
3—机座　4—倾斜轴

2）单座式焊接变位机　单座式焊接变位机的基本构造见图 9-7。工作台支承在两边的倾斜轴上，以焊接速度回转，其转速可调。倾斜轴通过扇形齿轮或液压油缸，可在 140°范围内恒速倾斜。这种焊接变位机结构简单、稳定性好、使用可靠，而且一般不用固定在地基上，搬移方便。这种变位机是目前应用最广泛的结构形式，常与伸缩臂式焊接操作机配合使用。其载重量有 1.5t、3t、5t、20t、40t 系列。

3）双座式焊接变位机　双座式焊接变位机的构造使它的整体稳定性好，50t 以上重型、大尺寸焊件多在这种变位机上翻转变位。

（2）焊接翻转机　焊接翻转机是将焊件绕水平轴转动或倾斜，使之处于有利装焊位置的焊件变位机械。焊接翻转机种类很多，常见的有框架式、头尾架式、链式、环式、推举式等多种不同形式。图 9-8 为头尾架式翻转机示意图。这种头尾架式的焊接翻转机，类似大型卧式车床，主要应用于直径约 1m 的筒形焊件的环缝焊和纵缝焊。当焊件很长时，可在中间增设滚动支撑。通常头架做成主动的，以焊接速度转动，尾架是从动的。在头架和尾架的枢轴上，可安装各种夹紧装置，如花盘、三爪卡盘及其它专用夹具。为便

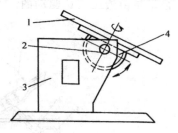

图 9-7　单座式焊接变位机
1—回转工作台　2—倾斜轴
3—机座　4—扇形齿轮

于焊件装卸，尾架的枢轴做成可伸缩的。其回转速度要求能够多速或无级调速。

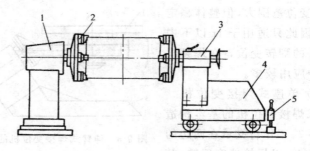

图 9-8　头尾架式焊接翻转机

1—头架　2—花盘　3—尾架　4—尾架行走台车　5—台车制动装置

图 9-9 是一种行走式液压翻转机的工作示意图。该机主要用于焊件的翻转和短距离输送。翻转平台由举升油缸驱动，左右翻转平台可以单独动作或一起动作，以达到不同的翻转位置。行走台车是由液压马达驱动的。

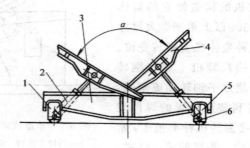

图 9-9　行走式液压翻转机

1—主动行走轮　2—举升油缸　3—行走台车　4—翻转平台

5—从动行走轮　6—液压马达

（3）焊接回转台　焊接回转台是将焊件绕垂直或倾斜轴回转的焊接变位机械，它不具有倾斜机构，见图 9-10。主要用于回转体焊件的焊接和切割。

　　(4) **滚轮架** 焊接滚轮架对于圆筒形焊件的装配与焊接非常重要，在我国已经标准化。大部分圆筒形焊件的装配与焊接都是在滚轮架上完成的。对滚轮架主、从动轮的高度做适当调整后，也可进行锥体、分段不等径回转体的装配与焊接。滚轮架的滚轮有橡胶轮和钢轮以及钢-橡胶轮等多种结构。橡胶轮运行平稳，但承重小，重载时易压损橡胶轮；金属轮承重能力大，主要用于大型构件的焊接场合，另外在装配精度高的场合也采用；钢-橡胶组合轮兼备了上述两种滚轮的优点，应用广泛。

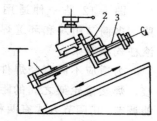

图 9-10　焊接回转台
1—液压缸　2—倾斜轴
3—回转驱动

　　不管滚轮架的结构如何，一般都由主动滚轮架和从动滚轮架组合使用。目前应用最广泛的结构形式是组合式滚轮架，见图 9-11。其主动滚轮架、从动滚轮架或者混合式滚轮架都是独立的，它们之间可以根据焊件质量和长度任意组合。因此使用方便灵活，对焊件适应性强。

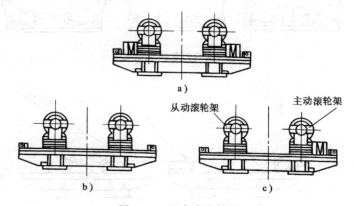

图 9-11　组合式滚轮架
a) 主动滚轮架　b) 从动滚轮架　c) 混合式滚轮架

滚轮架的主动轮几乎都是由直流电动机驱动，可以无级调速，并设有空程快速。滚轮架工作时借助焊件与主动滚轮架间的摩擦力来带动焊件旋转。

图 9-12 是一种适用于薄壁、多筒节组对和环缝焊接的滚柱式滚轮架。

为适应不同直径焊件的焊接，焊接滚轮架之间的距离应能调节。其调节方式有两种：一种是自调式的；一种是非自调式的。自调式的可根据焊件的直径自动调整滚轮的距离，见图 9-13。非自调式的是靠在支架上移动滚轮座来调节滚轮间的距离，见图 9-14。

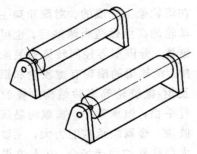

图 9-12　滚柱式滚轮架

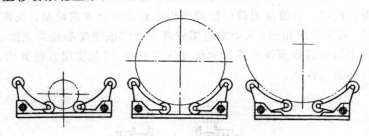

图 9-13　自调式滚轮架

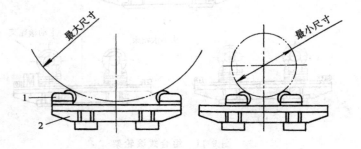

图 9-14　非自调式滚轮架

1—滚轮座　2—支架

表 9-2 为 100t 非自调式焊接滚轮架的技术数据。

表 9-2 100t 焊接滚轮架的技术数据

额定载重量/t	焊 件 直 径		滚轮圆周速度 /（m/h）	机重/kg
	滚轮中心距/mm	焊件直径/mm		
100	840	600～1000	58.5	8586
	1120	1000～2500		
	1630	1700～2600		
	2310	2700～4000		

2. 焊机变位机械

（1）焊接操作机 焊接操作机是将焊接机头准确地送到待焊位置或沿规定的轨迹移动焊接机头以完成焊接工作的机械。焊接操作机常常与焊件变位机械配合使用，完成多种焊缝，如纵缝、环缝及其它曲线焊缝的焊接。

1）平台式操作机 焊机或机头安装在平台上，可在平台上做平面移动，焊工和辅助工人可在平台上操作。平台安装在立架上，平台可沿立架升降。载有立架的台车可沿固定在车间柱子和地面上的轨道移动。可用于圆筒形焊件外环缝和外纵缝的焊接。平台式焊接操作机在国内应用得比较多。图 9-15 是双轨式平台

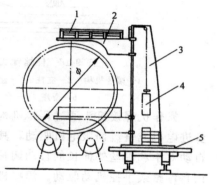

图 9-15 双轨式平台操作机示意图
1—焊机或机头 2—平台 3—立架
4—配重 5—台车

操作机的示意图。表 9-3 为其技术数据。

2）伸缩臂式焊接操作机 这是目前生产中应用较多的一种操作机。不仅可以用于焊接，若在伸缩臂端安上相应的作业机头，还可进行磨修、切割、喷漆、探伤等作业。一种大型伸缩臂式操

作机见图 9-16。

表 9-3 双轨式平台操作机的技术数据

横臂升降行程/mm	2800
横臂升降速度/(m/min)	5.72
台车行走速度/(m/min)	6.28
台车行走电机功率/kW	3.0

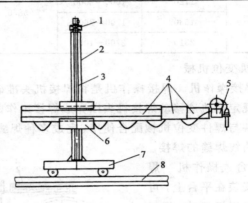

图 9-16 伸缩臂式操作机示意图

1—减速机构 2—立柱 3—丝杠 4—伸缩臂 5—机头

6—滑座 7—台车 8—导轨

操作机焊接机头通过调整机构与伸缩臂连接。调整机构采用步进电机或直流伺服电机驱动，其作用是为实现焊接过程的焊缝自动对中和焊丝外伸长的自动调整。调整机构可以采用传感器反馈自调整或手控机动驱动。焊接机械化与自动化水平在很大程度上决定于传感器的质量及其应用范围。

操作机伸缩臂安装在立柱上，可沿立柱上下升降，以适应不同的焊件高度。伸缩臂通常由多节组成，其总伸出长度可在很大范围内变化。伸缩臂要求有较好的刚性，当其全部伸出时，端部下挠度应不大于 5～10mm，为加强其刚性，通常采用矩形或中部加强的管状截面。伸缩臂伸缩速度覆盖所需焊接速度的上下限（一般在 6～90m/h），并且无级可调。

有的立柱固定在底座上，有不可回转和可回转形式；有的立柱安装在台车上，可沿轨道行驶。

伸缩臂式操作机作业范围大，与各种焊接变位机械相配合，可进行回转体焊件内、外环缝、内外纵缝、螺旋焊缝的焊接以及内外表面的堆焊，还可焊接构件上的横焊缝、斜焊缝等空间线性焊缝。

3）其它操作机　门式操作机和桥式操作机装设要求低，可在露天作业。主要用于板材的大面积拼接等，在大型金属结构厂和船厂应用较多。

（2）电渣焊立架　电渣焊立架是将电渣焊机（或连同焊工）按焊接速度进行提升的装置，主要用于直缝电渣焊，也可与滚轮架相配合用于环缝电渣焊。

3. 焊工变位机械　焊工变位机械即焊工升降台，焊工升降台是将焊工连同工具升降到一定高度的装置。主要用于高大焊件的手工焊，也可用于装配作业。

图 9-17 是板结构肘臂式焊工升降台。整个装置结构轻巧、移动灵活、使用方便。这种升降台只需摇动手摇油泵，平台即可在液压伸缩臂的作用下上下移动。小型焊工升降台多采用这种结构。

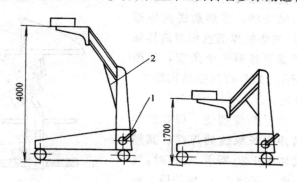

图 9-17　板结构肘臂式焊工升降台

1—手摇油泵　2—液压伸缩臂

图 9-18 是立柱式焊工升降台。该焊工升降台的立柱升降为机

械传动。电动机经带传动和蜗杆减速器减速后，通过齿轮齿条结构带动立柱升降。此外，工作台通过手摇齿轮齿条机构可调节其伸出长度。

二、衬垫

在埋弧焊时为了防止焊缝烧穿或使背面成形，常采用一定厚度的焊剂层作焊缝背面的衬托装置——焊剂垫，有时也采用石棉带、金属垫板等临时衬垫。焊剂垫的结构形式较多，常见的有圆盘式焊剂垫、橡胶膜焊剂垫、软管式焊剂垫等。

1. 圆盘式焊剂垫 圆盘式焊剂垫用于环缝的焊接，其结构形式如图 9-19 所示。施焊时，让焊剂垫紧托焊缝，随着筒体的转动，焊剂转盘在摩擦力的作用下而绕自身的主轴旋转，将焊剂送到焊道下。此焊剂垫的焊剂盘相对筒体轴线一般都要倾斜一个角度，如图 9-19 所示。这种焊剂垫结构简单、使用方便。

2. 橡胶膜焊剂垫 橡胶膜焊剂垫常用于长纵缝的焊接。其结构形式如图 9-20 所示。工作时，气室 5 内通入压缩空气，橡胶膜 3 向上凸起而将焊剂顶着焊件背面，起衬托作用。此焊剂垫结构简单、使用方便。但工作部分若过长会

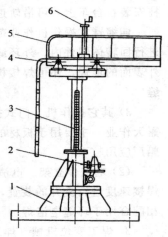

图 9-18　立柱式焊工升降台

1—底座　2—减速机构　3—立柱
4—齿条　5—工作台　6—手摇工
作台伸缩机构

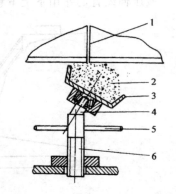

图 9-19　圆盘式焊剂垫

1—筒体　2—焊剂　3—焊剂槽　4—轴
5—升降手柄　6—螺纹杠

引起压力分布不均匀，局部衬托不住熔池而造成烧穿现象。

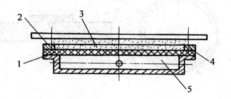

图 9-20　橡胶膜式焊剂垫

1—橡胶膜　2—盖板　3—焊剂　4—螺栓　5—气室

3. 软管式焊剂垫　软管式焊剂垫适用于长焊缝的焊接，其结构形式如图 9-21 所示。工作时，气缸先将焊剂槽撑托于焊缝下，当压缩空气使软管充气膨胀时，将焊剂压向焊件，使之与焊缝背面贴紧。此类焊剂垫压力分布均匀，焊缝背面成形好。

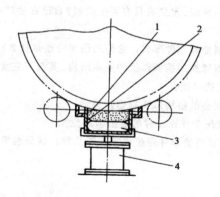

图 9-21　软管式焊剂垫

1—焊剂　2—帆布　3—充气软管　4—气缸

4. 临时衬垫　常用临时衬垫有铜垫、石棉带，适用于环缝的焊接。石棉带的应用形式如图 9-22 所示。

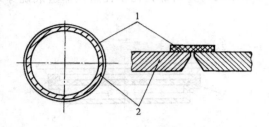

图 9-22 石棉带的使用

1—石棉带 2—简体

复习思考题

1. 装配焊件时,为什么要使用夹具?

2. 什么叫焊接变位机械?它有几种类型?

3. 试述焊接滚轮架的作用;它有几种形式?

4. 应该如何选用焊接滚轮架?举例说明。

5. 焊接时的装配、定位夹具有哪些类型?自己在生产中都见过什么样的夹具?

6. 常用焊剂垫有几种形式,它们的使用特点是什么?

7. 试述伸缩臂式焊接操作机的基本结构。其与其它变位机械配合,能够完成什么样焊缝的焊接?

8. 常用焊剂垫的结构形式有哪几种?

9. V形铁常用于什么工件的装配和定位?

10. 生产中常用的焊件变位机械有哪几种?试分别举数例说明。

第十章 相关工种一般知识

培训要求 了解冷作工艺知识；熟悉气焊、气割用材料；掌握气焊设备的一般使用和维护。

第一节 气焊和气割知识

气焊与气割是利用可燃气体与助燃气体混合燃烧所放出的热量作热源进行金属材料的焊接与切割的。可燃气体的种类很多，例如乙炔、氢气、天然气和液化石油气（主要是丙烷）。目前应用最普遍的是乙炔气，其次是丙烷。

一、气焊、气割用焊接材料

1. 氧气 氧气是气焊和气割中的助燃气体。氧气本身不能燃烧，但能帮助其它可燃物质燃烧。工业上常用空气分离法来制取氧气。用于气焊和气割的氧气按纯度分为两级：一级纯度 φ（O_2）不低于 99.2%；二级纯度 φ（O_2）不低于 98.5%。氧气可以装入氧气瓶提供，也可以通过管道输送。前者灵活方便；后者安全稳定，较为经济，在大、中型企业中使用更为有效。

2. 乙炔 乙炔是由电石（CaC_2）和水相互作用分解得到的，其分子式为 C_2H_2。乙炔是一种无色有特殊臭味的气体，在标准状态下的密度为 $1.179kg/m^3$，比空气轻。

乙炔是可燃气体，它与氧气混合燃烧时所产生的火焰温度为 $3000\sim3300℃$，因此足以迅速熔化金属进行焊接和切割。

乙炔能大量溶解于丙酮溶液中，这样我们就可以利用乙炔的这个特性，将乙炔装入乙炔瓶内（瓶内装有丙酮溶液和活性碳）储存、运输和使用。

必须注意的是，乙炔是一种具有爆炸性的危险气体。当乙炔压力达到 $0.15\sim0.2MPa$ 时，温度在 $580\sim600℃$ 的情况下，乙炔就会自行爆炸。乙炔与氧气及空气的混合气体也具有爆炸性。因此，刚装入电石的乙炔发生器应首先将有空气的乙炔排出后才可使用。加装乙炔时应特别注意避开明火与火星。并应严防氧气倒流入乙炔发生器中。

3. 丙烷 丙烷的分子式为 C_3H_8，比空气重。丙烷的火焰温度为 2000～2700℃，比乙炔火焰的温度低，因此，用丙烷气割时预热时间应长一些。丙烷气割的切口光洁，不渗碳，下缘不易挂渣，如有挂渣也容易清除；切割薄板时变形小，如采用机械化切割，切割表面粗糙度值很小，很多工件不需再进行机加工，提高了工效。

表 10-1 是乙炔气与丙烷气的性能对照。

表 10-1　乙炔气与丙烷气的性能对照表

名　　称	乙炔	丙烷
中性火焰温度/℃	3100	2520
内焰辐射热量/（MJ/m³）	19	10
外焰辐射热量/（MJ/m³）	36	94
总热量/（MJ/m³）	55	104
着火点/℃	305	400
燃烧速度/（m/s）	7.5	2
在空气中的爆炸范围/%	2.5～80	2.3～9.5
气体相对密度（15.6℃时，空气为1）	0.906	1.52
比体积/（m³/kg）（15.6℃时）	0.91	0.54

从表 10-1 中可以看出，液化石油气（其中主要是丙烷）也具有一定的爆炸性，但是它在空气中能引起爆炸的范围很小，比乙炔小得多，而且其燃烧速度也比较小，所以比乙炔使用时安全得多。

由于丙烷气比空气重，会沉积，所以必须加强通风，尤其须注意容器和简体内作业时的安全通风。

丙烷价格低廉，方便易得，用它来代替乙炔进行金属的气焊和气割，具有较大的经济意义。

4. 气焊丝 气焊时焊丝的选用应根据焊件的成分、母材的力学性能、母材的焊接性以及焊件的特殊技术要求来进行。常用的气焊丝种类有碳素结构钢用焊丝、合金结构钢用焊丝、铸铁用焊丝等。

5. 气焊熔剂 为了防止金属的氧化，消除已经形成的氧化物，改善润湿性，在焊接有色金属、铸铁以及不锈钢等材料时，通常必须采用气焊熔剂。定型气焊熔剂呈粉状，瓶装密封，每瓶重500g。常用的气焊熔剂见表10-2。

表 10-2　常用气焊熔剂的牌号及用途

牌号	名　称	用　途
CJ101	不锈钢及耐热钢气焊熔剂	焊前用密度为 1.3g/cm³ 的水玻璃拌匀
CJ201	铸铁气焊熔剂	加速金属熔化，去除氧化物
CJ301	铜气焊熔剂	气焊或钎接纯铜及黄铜
CJ401	铝气焊熔剂	去除氧化铝膜，气焊铝镁合金用

二、气焊设备

1. 氧气瓶 氧气瓶的构造如图 10-1 所示，它由瓶体、瓶箍、防振圈、瓶帽、氧气瓶阀及底座等组成。瓶体外表面涂成天蓝色，瓶体上用黑漆标注"氧气"字样。图 10-1 所示氧气瓶规格是工业生产中最常用的，其容积 40L、工作压力 15MPa，能贮存常压下氧气 6m³。

氧气瓶是一种贮存和运输氧气用的高压容器，因此安全使用氧气瓶非常重要。氧气瓶的自身保护装置由瓶阀来实现。国产活瓣式氧气瓶阀中的金属安全膜，在瓶内氧气压力达 18～22.5MPa 时即自行爆破泄压，确保瓶体安全。氧气瓶应直立使用。

2. 乙炔瓶 乙炔瓶外表涂白色，并用红漆标注"乙炔"字样。乙炔瓶内装有浸满着丙酮的多孔性填料，能使乙炔稳定而安全地贮存在乙炔瓶内。瓶装乙炔的工作压力为 1.5MPa。当使用时，溶解在丙酮内的乙炔就分离出来，通过瓶阀输出，而丙酮

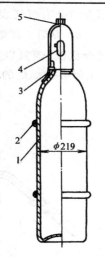

图 10-1　氧气瓶的构造
1—瓶体　2—防振圈
3—瓶箍　4—瓶阀
5—瓶帽

仍留在瓶内，以便溶解再次灌入的乙炔。乙炔应直立使用，不得卧放使用，且卧放的乙炔瓶直立使用时，必须静置 20min 方可使用。乙炔是易燃、易爆气体，在使用时乙炔瓶和氧气瓶应相隔 1m 以上。

3. 减压器　气瓶内气体的压力比工作压力要高许多，氧气瓶内最高压力达 15MPa，乙炔瓶内的乙炔压力最大达 1.5MPa，而所需工作压力一般都是比较低的。氧气工作压力一般要求为 0.1～0.4MPa，乙炔的工作压力更低，最高不会大于 0.15MPa。因此，减压器的作用是将贮存在气瓶内的高压气体，减压到所需的工作压力，并稳定气体工作压力，使气体工作压力不随气瓶内气体压力的下降而下降。减压器按用途分有集中式和岗位式；按构造分有单级式和双级式；按作用原理分有正作用式和反作用式；按使用介质分有氧气表、乙炔表、丙烷表。

4. 焊炬　焊炬是气焊的主要工具。它的作用是用来控制气体混合比例、流量以及火焰结构。目前国产的焊炬均为射吸式。H01-6 型射吸式焊炬的构造如图 10-2 所示。其主要技术数据见表10-3。

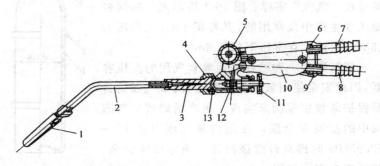

图 10-2　焊炬的构造

1—焊嘴　2—混合管　3—射吸管　4—射吸管螺母　5—乙炔调节阀
6—乙炔进气管　7—乙炔接头　8—氧气接头　9—氧气进气管
10—手柄　11—氧气调节阀　12—氧气阀针　13—喷嘴

5. **橡胶软管**　焊割用橡胶软管，按其输送的气体不同分为：

（1）氧气胶管　氧气胶管外表为黑色，由内外胶层和中间纤維層組成，其外径 18mm，内径 8mm，工作压力为 1.5MPa。

表 10-3 H01-6 型射吸式焊炬的主要技术数据

焊炬型号	H01-6				
喷嘴号码	1	2	3	4	5
焊嘴孔径/mm	0.9	1.0	1.1	1.2	1.3
氧气压力/MPa	0.2	0.25	0.3	0.35	0.4
乙炔压力/MPa	0.001～0.1				
氧气消耗量/（m³/h）	0.15	0.20	0.24	0.28	0.37
乙炔消耗量/（L/h）	170	240	280	330	430
焊件的厚度/mm	1～2	2～3	3～4	4～5	5～6

（2）乙炔胶管 乙炔胶管外表为红色，其结构与氧气胶管相同，但其管壁较薄，其外径 16mm，内径 10mm，工作压力为 0.3MPa。

6. 其它辅助工具 气体焊、割的其它辅助工具有点火枪、护目镜以及清理工具。

三、气焊火焰和气焊工艺

1. 气焊火焰 常用的气焊火焰是乙炔与氧气混合燃烧所形成的火焰，也称氧乙炔焰。根据氧气与乙炔混合比的不同，可得到三种不同性质的火焰，即碳化焰、中性焰、氧化焰。其构造、形状如图 10-3 所示。

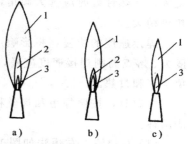

图 10-3 氧乙炔焰的构造和形状
a）碳化焰 b）中性焰 c）氧化焰
1—外焰 2—内焰 3—焰芯

（1）碳化焰 氧与乙炔的混合比小于 1.1 时，乙炔燃烧不充分，此时燃烧所形成的火焰为碳化焰，碳化焰主要用于焊接高碳钢、铸铁及硬质合金等。碳化焰的特点是火焰温度低，火焰形状大，其颜色发暗，而且没有力度。

(2)中性焰　氧气与乙炔的混合比为 1.1~1.2，乙炔燃烧充分，火焰温度可达 3100~3150℃，此时燃烧所形成的火焰为中性焰。中性焰适于焊接一般碳素钢和有色金属。

(3)氧化焰　氧气与乙炔的混合比大于 1.2 时，整个火焰挺直且较短，焰心发白，温度可达 3100~3300℃，此时燃烧所形成的火焰为氧化焰。氧化焰适用于焊接锰钢、黄铜等，也是常用的气割火焰。

2. 气焊工艺要点　气焊通常只适用于焊接厚度小于 5mm 的薄板。为避免产生较大的变形，焊接接头主要采用对接接头。由于气焊对接头表面的油污、铁锈以及水分等比较敏感，因此，必须重视对焊件的焊前清理工作。

气焊丝的直径应根据焊件厚度、坡口形式、焊缝位置和火焰能率等因素来决定。多层焊时，第一、二层选用较细的焊丝，以后各层可采用较粗的焊丝。

火焰性质的选择很重要，这一点可根据材料的种类及其性能来定。

焊嘴的倾角是指焊嘴中心线与焊件平面间的夹角。当焊件厚度大、导热性好时应选大倾角，相反，应选小倾角。起焊时的倾角可稍大。

焊接速度的快慢，将影响产品的质量与生产率。通常焊件厚度大、熔点高则焊接速度应慢，以免产生未熔合；反之则要快，以免烧穿和过热。

气焊时，按照焊炬和焊丝移动的方向，可分为左焊法和右焊法两种。

(1)左焊法　左焊法如图 10-4a 所示，焊接过程自右向左，而且焊炬是跟着焊丝前进。这种焊法在焊接薄板时生产率很高，且操作简便，容易掌握，是普遍应用的方法。适宜于薄板的焊接。

(2)右焊法　右焊法如图 10-4b 所示，焊接过程自左向右，焊炬在焊丝前面移动。此方法适合焊接厚度较大、熔点及导热性较高的焊件。但右焊法不容易掌握，一般应用较少。

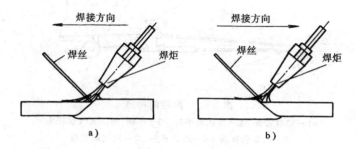

图 10-4　左焊法和右焊法

a）左焊法　b）右焊法

四、气割知识

1. 气割的基本原理　气割是利用气体火焰的热能将工件切割处预热到一定温度（燃点）后，喷出高速切割氧流，使其燃烧并放出热量来实现切割的方法。但是，能被气割的金属要满足以下几个条件：

1）金属材料在氧气中的燃点应低于熔点。

2）金属的氧化物熔点应低于金属的熔点。

3）金属的导热性不能太好。

4）金属燃烧应是放热反应。

5）金属中阻碍切割和易淬硬的元素杂质应少。

根据以上条件，低碳钢的气割性能最好，铸铁和不锈钢不能满足以上条件，故难以进行气割。

2. 气割方法分类　气割基本分手工气割、半自动气割和自动气割三类。手工气割适应性好，但气割精度低，切口质量差；半自动气割在我国应用广泛，可以进行直线和圆周形、斜面以及 V 形坡口等形状的气割，其切口质量较好；自动气割机普遍采用数控气割机，其切口质量最好，效率最高，能完成复杂形状的气割下料。

3. 手工气割的操作　气割的设备和工具除割炬以外，其它基本与气焊类似。割炬的构造如图 10-5 所示。

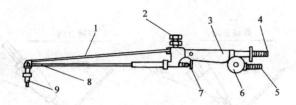

图 10-5　割炬的构造

1—切割氧管　2—高压氧手轮　3—手柄　4—氧气管接头
5—乙炔管接头　6—乙炔开关　7—氧气阀手轮
8—混合气管　9—割嘴

下面以一般厚度钢板的气割为例，介绍一下气割的步骤：

（1）气割前的准备工作　首先要检查设备的使用状况；然后清除污垢等；按图样划线放样；垫高被割件并使其平稳；选择好割炬后试割。一般厚度钢板选用 G01-100 型割炬。

（2）操作技术

1）点火　点火前，先开乙炔，再微开氧气阀，用点火枪或火柴点火。正常情况下应采用专用的打火枪点火。在无打火枪的条件下，亦可用火柴来点火，但须注意操作者的安全，不要被喷射出的火焰烧伤。开始为碳化焰，此时应逐渐加大氧气流量，观察切割氧流（风线）的形状，风线应呈现笔直清晰的圆柱体。风线的长度应超过割件板厚的 1/2。

2）起割　起割点应选择在割件的边缘，先用预热火焰加热金属，待预热到亮红色时，将火焰移至边缘以外，同时慢慢打开切割氧气阀门，随着氧流的增大，从割件的背面就飞出鲜红的氧化铁渣，证明工件已被割透，割炬就可根据工件的厚度以适当的速度开始由右至左移动。

3）正常气割　起割后，割炬的移动速度要均匀，控制割嘴与割件的距离约等于焰芯长度加 2～4mm。割嘴可向后（即向切割前进的方向）倾斜 20°～30°。气割过程中，倘若发生爆鸣和回火现象，应立即关闭切割氧阀，然后关闭乙炔阀，使气割过程暂停。用通针清除通道内的污物。处理正常后，再重新气割。

4）停割　临结束时，应将割炬沿气割相反的方向倾斜一个角度，以便将钢板的下部提前割透，使切口在收尾处显得很整齐。最后关闭氧气阀和乙炔阀，整个气割过程便告结束。

当气割厚度在 4mm 以下的薄钢板时，割口两侧易过热和熔化，使切口不整齐，且熔渣不易吹掉，冷却后粘在切口不易铲除。通常可采取以下措施：

1）采用 G01-30 割炬及小号割嘴。

2）在保证割透的情况下，切割速度要尽可能快些。

3）割嘴与工件表面距离为 10～15mm。

当钢板厚度在 25mm 以上时，应采取大号割炬和割嘴，并且加大预热火焰和切割氧流。在气割过程中，切割速度要慢，并适当地做横向月牙形摆动，以加宽切口，利于排渣。

第二节　冷作知识

一、冷作的基本知识

冷作就是将金属板材、管材及型材在基本不改变其断面特征的情况下加工成各种制品的综合工艺（统称金属制作）。从事冷作工作的工人称为冷作工。冷作是一种综合性的金属加工工艺，通常要与焊接、金属切削、热处理、检验等工艺结合，以形成完整的产品制造过程。

冷作产品遍及各行各业，例如：应用于电力方面的锅炉、冷凝器、加热器等。在机械工业、冶金工业、交通运输业等行业各种机器的外壳、框架及其构件都有冷作件存在。冷作加工用的板料，既有厚板也有薄板。通常把厚度在 2mm 以下的薄板加工称为钣金加工。冷作加工用的金属板材、管材及型材统称成形材料。

二、冷作加工工序

冷作加工的基本工序有：矫正、放样、切割、弯曲、冲压、装配连接（胀接、铆接及焊接）。

1. **矫正**　由于材料在制造、运输过程中不可避免地受到各种不同的外力作用，也就必然引起程度不同的变形。另外在制作产品过程中也会产生各种新的变形。矫正的目的就是通过外力或加热产生的作用，使材料变得平、直或使断面变回应该有的形状。

矫正的原理就是调整金属纤维长度，使之趋于平直。矫正的方法很多，根据矫正时钢材的温度不同可分为冷矫正和热矫正。冷矫正是在常温下进行，冷矫正时会产生冷加工硬化现象，因此，它只适用于塑性较好的材料。而热矫正是在 700～1000℃左右的高温下进行，它适用于材料变形、塑性差或设备能力不够以及设备和人力用不上的情况下。它对操作者的技术要求较高。

手工矫正只需简单工具，操作灵活，但效率较低，劳动强度大。所以手工经常用来矫正一些变形量不大，截面尺寸较小的零件或构件。机械矫正的劳动强度低，技术要求较低。图 10-6 是用于矫平钢板的多辊矫平机。

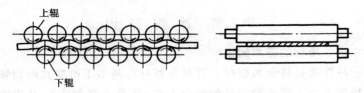

图 10-6　矫平钢板的多辊矫平机

机械矫正不适用于矫正高弹性、高脆性的材料。

火焰矫正不但适用于材料变形较大的矫正，更适用于结构件在制造过程中和制造后期变形的矫正。用手工和机械矫正方法矫正的工件，也能使用火焰进行矫正，但它不适用于细小或薄形构件的矫正。它对工人的技术要求较高，工作环境较差，效率不太高，一般不使用此方法。

2.放样　产品通过放样以后才能进行下料。放样是根据图样，按构件的实际尺寸或一定比例画出该构件的轮廓，或将曲面摊成平面，以便准确地定出构件的尺寸，作为制造样板、加工和装配工作的依据，这一工作过程称为放样。当然，如果使用了数控切割机，则此工序就可以直接在计算机上完成。

一般的放样划线精度能达到 0.25～0.5mm。

　　常用的划线工具和辅助工具有划线平台、划针、样冲、划规、卷尺以及90°角尺等。图10-7是几种划线工具及辅助工具示意图。

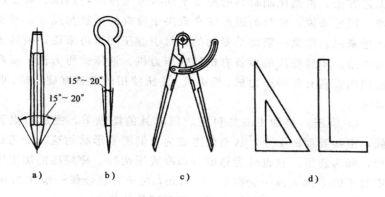

图 10-7　划线工具和辅助工具示意图

a) 样冲　b) 划针　c) 划规　d) 角尺

　　划线平台是划线的主要工作地点，需要划线放样的工件就放在划线平台上。利用划针可直接在工件上划出加工线条。样冲用硬质材料做成，用于在工件所划线条上冲眼，作为加工界限标志，或者把样冲眼作为划圆弧或圆的中心定位孔。90°角尺可以作为划平行线或垂直线的导向工具。

　　3. 剪切　剪切具有切口光滑美观的优点。整齐切割分为火焰切割和金属切割两种。金属切割设备主要有剪板机、联合冲剪机、锯床、砂轮切割机等。

　　4. 弯曲　将材料弯成一定角度或一定形状的工艺方法称为弯曲。弯曲时根据材料的温度不同可分为冷弯与热弯。热弯又有自然热弯和附加外力热弯。附加外力热弯主要是为了解决弯曲时外力不足、材料塑性不够的问题；自然热弯就是利用火焰矫正的原理，它主要在没有设备、设备能力不足或有设备用不上的情况下才使用。对材料进行弯曲加工的设备有卷板机、弯管机等。卷板机可以将板材卷成筒体及锥体；小型弯管机经常用来弯制小段简单形状的管子，复杂大段的管子（如蛇形管）可以在专用的大型弯管机流水线上加工。

5. 压制成形　它是在压力机上利用模具使板料成形的一种工艺方法。根据压制材料的温度不同可分为冷压与热压。对于压弯、压延来说，板料的成形完全取决于模具的形状与尺寸，对于压延来说，模具一般都是专用的，对于旋压和折边来说，模具多为通用。压延使用的设备有机械式压力机、液压式压力机。压弯使用的设备有各种压力机、折边机。旋压使用的设备有旋压机、收口机。

6. 旋压　被加工的坯料在旋压模具的操纵下，完成由点到线，由线到面的形变，从而使之成为人们需要形状的这一工艺过程，称为旋压。它也分为热旋压和冷旋压两种。冷旋压的加工厚度对于碳素钢来说一般在 $1.5\sim2mm$，对于有色金属一般在 3mm 以下。板厚超出此范围的，则必须采用热旋压。

7. 铆接和胀接　利用铆钉把两个或两个以上的零件或构件（通常是金属板或型钢）连接为一个整体，这种连接方法称为铆接。铆接时，使用工具连续锤击或用压力机压缩铆钉杆端，使钉杆充满钉孔并形成铆接头（图 10-8）。铆接的主要优点是：工艺简单、连接可靠、抗振和耐冲击。但与焊接相比较，其缺点是：结构笨重，铆钉孔削弱了被连接件截面的强度，生产率低，连接的经济性和紧密性都不如焊接。由于焊接和高强度螺栓连接的发展，铆接的应用已趋减少。

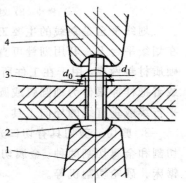

图 10-8　铆接

1—顶模　2—预制钉头

3—铆钉头　4—罩模

胀接广泛应用于管子与管板的连接。它是利用管子和管板变形来达到密封和紧固的一种连接方法。图 10-9 为单胀式胀接接头形式。胀接时，在管子的内壁均匀地施加压力，对管子直径进行扩胀。当压力超过管子材料的屈服点后，管子达到塑性变形状态，使管子和管板之间的空隙胀合。此时，管子外壁亦对管板孔壁施加小于管子内壁上的压力，由于管板的孔间距远大于管子的壁厚，因此，管板孔壁仅处于微扩的弹性变形状态，管板孔壁的径向回弹压力就对管子外壁产生紧固作用，从而达到牢固的结合。

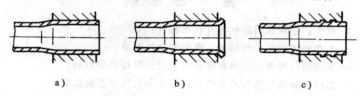

图 10-9 单胀式胀接接头形式

a）光孔胀接接头 b）翻边胀接接头 c）开槽胀接接头

三、冷作装配实例

图 10-10 为一工字梁的装配过程。它由两块翼板和一块腹板装配组合而成。

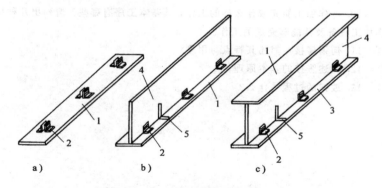

图 10-10 工字梁的装配

1、3—翼板 2—临时挡块 4—腹板 5—角尺

首先对板料进行矫平。如果板料不够长则必须在装配之前进行拼焊，并做好焊接的各种准备工作，然后再将翼板（件 1、件 3）放在装配平台上（如果没有足够大的平台可在较平坦的地面上），划出腹板（件 4）的安装位置线并打上样冲眼，在翼板上定

位焊上临时挡块 2，把腹板吊到翼板上定位焊固定，并用角尺检查是否垂直，必要时可矫正其垂直度。在焊接之前必须做好防变形工作。此方法只适用单件制作，如果构件的形状相近，数量较多，则最好使用胎具装配。

复 习 思 考 题

1. 氧气、乙炔和丙烷气各有什么特性？

2. 乙炔和丙烷用于气割时，哪个安全性更好？

3. 常用的气焊熔剂牌号有哪些？适用于焊接哪些材料？

4. 如何区分氧气瓶和乙炔瓶？如何区分氧气和乙炔胶管？

5. 什么是气割？叙述气割的原理及过程。

6. 金属实现气割应符合哪些条件？

7. 根据氧气、乙炔气混合比值的不同，可获得哪三种火焰？其构造及特点是什么？

8. 减压器的作用是什么？

9. 气割或气焊正常的操作顺序是怎样的？

10. 冷作加工能完成什么样的工作，其基本工序有哪些？请列出几种冷作加工设备及其能够完成的工作。

11. 何谓铆接？简述其特点与用途。

12. 简述胀接的基本原理。

13. 放样的过程是什么？

第十一章 焊接安全生产

培训要求 熟悉和掌握焊接安全技术、劳动卫生保护，做到文明生产。

焊工在工作时要与电、易燃易爆的气体或液体、压力容器等接触。在焊接过程中还会产生一些有害气体和烟尘以及弧光辐射、热源高温等。如果焊工不遵守安全操作规程，就可能引起触电、灼伤、火灾、爆炸、中毒等事故，直接影响焊工及其他工作人员的人身安全，造成经济损失。

第一节 焊接安全技术

一、焊接安全用电

1. **发生触电的原因** 人体触电发生危险时通过人体的电流一般不超过 0.05A，如果 0.1A 的电流通过人体 1s，就会使人致命。通过人体的电流大小，决定于线路中的电压和人体的电阻。在焊接工地上，电源所用的网路电压通常为 380V 或 220V，焊接电源的空载电压见表 11-1。由表可见，焊接电源的空载电压一般都在 60V 以上。干燥的衣服、鞋以及干燥的环境，能使人体的电阻增大。如果焊钳和手套绝缘不好，身体碰到工作台，焊机的空载电压加到人的身上，这样就有发生触电的可能。但是这种危险并不大，因为弧焊电源的空载电压较低，在正常情况下不致于发生人身事故。但是在夏天，由于操作者出汗多，人体电阻下降，电流容易通过，若没有很好的绝缘措施，就极有可能触电。因此，焊工在操作时必须注意防止触电。

2. **防止焊接触电的安全措施**

1) 弧焊设备的外壳必须接零或接地，并定期进行检查，以保证其可靠性。弧焊设备的进线连接、故障修理和检查应由电工进行，焊工不可私自随便拆修。

表 11-1 焊机的空载电压

焊机或电源型号	ZXG-400	ZXG7-250	NBC-400	NBC-500	MZ-1000	NSA4-300
应用	焊条电弧焊、气体保护焊等	焊条电弧焊、气体保护焊等	CO_2 气体保护焊	CO_2 气体保护焊	埋弧焊、堆焊	钨极氩弧焊
一次电压/V	380	380	380	380	380	380
空载电压/V	63	70	49	60	85	78

2）弧焊设备应工作于设备铭牌的规定值之内，不得任意长时间超载运行。

3）焊工操作时必须按劳动保护规定穿戴防护工作服、绝缘鞋和焊工手套。

4）焊钳应有可靠的绝缘，中断工作时，焊钳要放置在安全的地方，防止焊钳与焊件发生短路而烧坏焊机。

5）更换焊条时，不仅要戴好手套，而且要避免身体与焊件接触。

6）光线不足时，照明灯的电压不高于 36V 安全电压。

7）焊工要互相照应。在狭小的空间或容器内焊接时，须两人轮换操作，其中一人留在外面监护，以便发生意外时及时切断电源进行抢救。

3. 触电抢救措施

（1）切断电源 遇到焊工触电时，救护人切不可用赤手去拉触电者，应先迅速地将电源切断。如果离开关较远，救护人可用干燥的手套、木棒等绝缘物拉开触电者或挑开电线。千万不能用金属或潮湿的物体作为救护工具，以防自己触电。救人时单手操作比双手操作要安全些。

（2）人工抢救 切断电源后触电者呈现昏迷状态，应立即使触电者舒适、安静地平卧，施行人工呼吸，并速送医院。

二、特殊环境安全技术

1）气焊和气割工作地点堆积有大量易燃物体时，应采取防护措施。注意改善通风和排除有害、有毒气体，避免发生中毒事故。

2）焊接或气割盛装过易燃易爆物、强氧化物或有毒的各种容器、管道、设备时，必须彻底清洗干净后，方可进行作业。

3）禁止在带有压力或电压的容器、筒体、管道上进行焊接或气割工作。若要对其进行补焊工作时，必须先释放压力，切断电源后，才能工作。

4）在通风不畅的工作场所，焊接和气割前应先打开各通风孔、洞，使内部空气流通，必要时应有专人监护。

5）进行高处作业时，地面和高处操作者之间，严禁抛掷物体和工具；应备有梯子、工作平台、安全带、安全帽、工具袋等完好的工具和防护用品；操作者要做好头部和颈部保护工作，防止砸伤或烫伤。

三、防火与灭火

1. **防火措施** 焊接前要认真检查工作场地周围是否有易燃、易爆物品（如油漆、煤油、木屑等），如有，则将这些物品搬离焊接工作点 5m 以外。在补焊存放过易燃物的容器时，焊前必须将容器内的介质放干净，并用碱水清洗内壁，再用压缩空气吹干，确认安全可靠后方可焊接。焊接完成后，应检查工作场地附近是否有引起火灾的隐患，确认安全后方可离开。

2. **灭火** 在作业场所发生火灾时，应首先切断电源，然后采取灭火措施。常用的灭火器材有四氯化碳灭火器、二氧化碳灭火器和干粉灭火器。

（1）四氯化碳灭火器 其外形如图 11-1 所示。四氯化碳的蒸气比空气重 5.5 倍，容易密集在火源附近，起到隔绝空气的作用，特别适用于带电设备的灭火。使用时，用左手握住灭火器的手柄，用右手旋去灭火器顶端的保险器，四氯化碳即从喷嘴中喷出。

（2）手提式二氧化碳灭火器 其外形如图 11-2 所示。使用时，用左手握住手柄 2，右手旋开开关阀门 3，瓶内液体二氧化碳即可通过虹吸管 7 自瓶口喷出。二氧化碳不导电，可用于扑灭电气设备的着火。对于电石、乙炔气等不适于用四氯化碳灭火器进行灭火的物质，使用二氧化碳灭火器最为适宜。

（3）干粉灭火器　某些不能用水来扑灭的火灾，可用干粉灭火器扑灭。

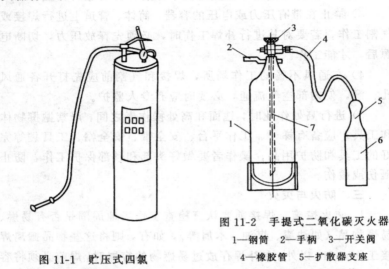

图 11-2　手提式二氧化碳灭火器
1—钢筒　2—手柄　3—开关阀
4—橡胶管　5—扩散器支座
6—扩散器　7—虹吸管

图 11-1　贮压式四氯
化碳灭火器

第二节　焊接劳动卫生与防护

一、预防弧光辐射的安全知识

常用电弧焊方法中，大多数焊接都有强烈的弧光辐射。眼睛直接接触弧光的辐射，会对视力有严重影响。弧光辐射主要产生红外线、可见光、紫外线三种射线。紫外线主要造成对皮肤和眼睛的伤害。眼睛受到紫外线的照射后能引起电光性眼炎，主要表现为眼睛疼痛，有砂粒感、多泪、怕风吹等；皮肤经常受到紫外线照射，会引起皮肤发红、触痛，皮肤变黑、脱皮。紫外线对纤维织物还有破坏和褪色作用，尤其以氩弧焊更为突出。

焊工在操作时为防止弧光辐射，应采取下列措施：

1）焊工必须使用有电焊防护玻璃的面罩。

2）焊工工作时，应穿戴好帆布工作服，防止弧光灼伤皮肤。

3）引弧前应用面罩保护好头部，然后开始引弧。引弧时还得注意周围工人，以免强烈弧光灼伤别人的眼睛。

4）多人同时焊接时，因弧光辐射方向多且频繁，应尽可能使用遮挡弧光防护屏避免自己和别人受弧光伤害。防护屏可用玻璃纤维布及薄钢板等制作，并涂刷灰色或黑色等无光漆。

二、预防烟尘和有害气体的安全知识

焊工周围的空气常被一些有害气体、粉尘所包围。焊接烟尘主要由金属氧化物、氟化物微粒和一氧化碳等有害气体组成。焊接烟尘的成分和数量与使用的焊接方法、药皮类型、焊条直径、焊接参数等有关。焊接烟尘对人的危害主要表现在对人呼吸系统的损害上。焊工长期工作在通风情况欠佳的环境，如在密闭容器、船舱或管道里焊接，呼吸这些烟尘和气体较多，对身体健康不利，有可能导致焊工尘肺等职业病，因此应采取有效的措施来防止其对焊工的危害。

1. 加强通风　采用通风机械在焊接场地进行送风或排气，加强车间内与室外的空气流通。在狭小通风不畅的地方焊接时，比如在狭长的容器或管道内焊接，特别应注意通风排气工作，必须有专人在外面监护，保证安全。通风严禁使用氧气，否则有可能烧伤操作者，发生事故。

2. 机械排尘　采用排尘机械是改善焊工劳动条件，减少烟尘危害的主要技术措施。常用的方法有风机排烟和吸头排烟。风机排烟比较简单，类似于排风扇的功能，图 11-3 是利用小型风机来排除焊接烟尘的示意图。吸头排烟的种类很多，其基本原理都是利用抽除吸管内的空气

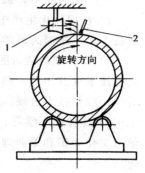

图 11-3　风机排烟
1—风机　2—焊条（或焊丝）

在管端形成的负压，将周围空气吸入排气管，从而排走烟尘。常见的这种排烟装置有固定式排烟装置、可

移动式排烟装置、多吸头式排烟除尘装置（图11-4）等。

3. 焊工个人防护　一般情况下焊工戴上口罩可滤掉大部分的粉尘。当在条件恶劣、通风不良的环境下，还必须使用通风头罩、送风口罩等防护设备。

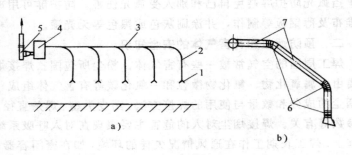

图 11-4　多吸头排烟除尘装置

a）装置结构　b）空间自衡管结构

1—吸头　2—空间自衡管　3—排烟管路　4—净化器

5—风机　6—软管　7—铁皮管

第三节　焊接文明生产

一、钻研技术、提高技能

1）在现代化生产中，技术构成复杂，工艺要求高。因此，企业员工要不断提高科学文化素质，钻研技术。

2）要有刻苦钻研的精神，充分利用工余时间，努力学习本专业的技术业务知识，熟练掌握本岗位的操作技能，做到技术理论清楚、操作技术过硬。

3）要有虚心学习、不耻下问的精神积极参加各类培训，认真学习文化知识和专业理论，虚心向他人求教，取人之长，补己之短。

二、质量第一、严守规范

要有"质量第一"，对质量高度负责的意识。将"质量第一"的意识贯穿在生产的全过程中，努力提高产品质量，严守规范，尽可能地避免质量事故的发生，一旦发生质量问题，要高度重视，采取果断措施，予以纠正和改进。

三、爱护设备、文明整洁

工人必须要爱护设备，对设备合理保养，注意清洁、润滑和进行必要的调整，做到勤检查、勤擦洗、勤保养；会操作、会检查、会保养、会排除故障。

在生产过程中要养成勤俭节约的好习惯。严格按企业规章制度办事，自觉遵守劳动纪律。个人用工量具、半成品或成品要保管好，不能损坏和丢失。

复 习 思 考 题

1. 电弧焊时，形成触电的原因有哪些？什么时候危险性较大？
2. 电弧焊操作时，如何避免产生触电现象？
3. 在焊条电弧焊中，有哪些会对人体产生不良影响的因素？如何防护？
4. 在易燃、易爆环境中进行焊接操作，应该采取什么有效措施？
5. 为什么在焊接车间要加强通风排烟？
6. 多人同时焊接时，为避免弧光辐射，可以采取什么措施？
7. 能直接在带有压力的容器或筒体上进行补焊吗？为什么？

本工种需学习下列课程

初级：机械识图、钳工常识、电工常识、金属材料及热处理、
初级电焊工技术

中级：金属材料及热处理、中级电焊工技术

高级：高级电焊工技术

我社已出版本工种的有关图书目录

中华人民共和国职业技能鉴定规范（考核大纲）电焊工

电焊工职业技能鉴定指南

电焊工技能鉴定考核试题库

电、气焊工应知考核题解

焊工考工试题库

初级电焊工工艺学

中级电焊工工艺学

高级电焊工工艺学

电焊工基本操作技能（初级工适用）

电焊工操作技能与考核（中级工适用）

电焊工（工人高级操作技能训练辅导丛书）

焊工竞赛指南

电焊工操作技能考核试题库

焊接工艺 500 问

上岗之路——电焊工入门

电焊工技能鉴定试题解析指南

简明焊工手册

焊工技师手册

机械工人职业技能培训教材目录

技能鉴定考核试题库目录